烹饪工艺与营养专业『互联网＋』智媒体教材

食品雕刻基本技法

智媒体版

主　编／李兴武　曾凡文

副主编／李红霞　唐　亮　谢　涵

主　审／袁昌曲

西南交通大学出版社

·成都·

图书在版编目（CIP）数据

食品雕刻基本技法 ：智媒体版 / 李兴武，曾凡文主编. —成都：西南交通大学出版社，2020.10
烹调工艺与营养专业"互联网+"智媒体教材
ISBN 978-7-5643-7800-4
Ⅰ. ①食… Ⅱ. ①李… ②曾… Ⅲ. ①食品雕刻 – 高等职业教育 – 教材 Ⅳ. ①TS972.114
中国版本图书馆 CIP 数据核字（2020）第 210510 号

烹调工艺与营养专业"互联网+"智媒体教材

Shipin Diaoke Jiben Jifa
食品雕刻基本技法
（智媒体版）
主编　李兴武　曾凡文

责 任 编 辑	孟　媛
助 理 编 辑	赵永铭
封 面 设 计	原创动力
出 版 发 行	西南交通大学出版社 （四川省成都市二环路北一段 111 号 西南交通大学创新大厦 21 楼）
发行部电话	028-87600564　028-87600533
邮 政 编 码	610031
网　　　址	http://www.xnjdcbs.com
印　　　刷	四川煤田地质制图印刷厂
成 品 尺 寸	185 mm × 260 mm
印　　　张	11.75　　　字　　数　196 千
版　　　次	2020 年 10 月第 1 版　印　次　2020 年 10 月第 1 次
书　　　号	ISBN 978-7-5643-7800-4
定　　　价	49.00 元

前 言

　　食品雕刻是烹调工艺与营养专业的必修课程。食品雕刻作品能营造和谐的、切合宴席主题的氛围，提升菜肴的档次，满足人们对饮食的更高追求，提升就餐时的愉悦感。同时食品雕刻是颇具代表性的"以工作项目为中心，以典型工作任务为载体"的课程，特别适合且非常必要按项目化方式组织教学。为打破项目化教材缺乏的瓶颈，推动项目化教学改革，本课程教学团队集中了校企双方优势力量，精心编写《食品雕刻基本技法（智媒体版）》。本书具有以下特色：

（1）项目引领、任务驱动，变被动学习为主动学习。

　　在编写过程中，编者通过设计不同类别的项目，以科学合理的任务驱动学生掌握雕刻技艺。在基础项目中，按"任务目标→任务要求→任务分解→核心技能→任务评价→任务拓展"的基本思路编排内容；在完成知识与技能积累的情况下，学生通过扫描二维码可以更直观地学习雕刻技能，极大地增强了学生学习的主动性与积极性，变被动学习为主动学习，使学生真正成为学习的主体。

（2）理论、实践及数字资源有机结合。

　　本教材将理论与实践紧密融合，使理论与实践成为一个有机整体。这种编排方式，使学生在实践的过程中学习理论，在学习理论的过程中进行实践，既增强了实践教学的理论指导性，也改变了理论教学的枯燥无味，使理论与实践相互补充、相互促进。

（3）图文并茂使学生更明白易懂。

　　本教材提供高清照片数百幅，穿插于各个项目相应的文字之中，生动地对文字进行了直观展示，有助于学生学习操作技能，领悟理论知识，了解操作关键，感受雕刻效果，按图操作实践。

（4）校企共建贴近行业需求。

紧密结合企业实际，以企业在生产运营中真正应用的雕刻作品为任务载体，进行项目编排。联合学校、行业、企业一线专家进行编写，充分发挥各自优势，实现优势互补。本教材由中国烹饪大师、高级技师曾凡文领衔编撰，重庆旅游职业学院李兴武、唐亮、李红霞、谢涵老师负责各项目编写。

本教材具体分工为：曾凡文负责项目六的编写；李兴武负责项目一、项目二、项目三的编写；唐亮负责项目五、项目七的编写；李红霞负责项目八的编写；谢涵负责项目四的编写。视频由重庆巴蜀印象职业学校杨涛、刘忠负责拍摄编辑。全书由曾凡文、李兴武老师构思、编写提纲、组织编写、统稿，并拍摄编辑全部实践操作图片。

在教材编写过程中，我们参考了一些专家的著作、文献，在此一并表示感谢。由于时间紧迫，加上水平有限，书中疏漏与不足之处在所难免，恳请读者批评指正。

编　者
2020年6月

目 录

项目一

食品雕刻
基础知识

食品雕刻是我国饮食文化的组成部分，也是中国烹饪技艺中的一颗灿烂明珠。它以秀丽端庄的东方特色，跻身世界厨艺之林，成为中国烹饪文化中的瑰宝。

　　我国的烹饪历来强调色、香、味、形并重，即烹制菜肴不仅要重视其营养、味道，更要注重菜肴的造型和色彩这一视觉审美，也就是我们现在所说的菜肴的"卖相"。食品雕刻正是在追求烹饪造型艺术、色彩搭配艺术的基础上发展起来的一种菜肴点缀、装衬的应用技术。

　　食品雕刻，简称食雕，一般是指运用特殊刀具、刀法，将烹饪原料雕刻成花、鸟、虫、鱼等具体形象的技术。笔者认为食品雕刻有双重属性：一是其制作原料是可食、无毒、无味、易于造型的原料；二是其成品使用于酒店、宾馆的餐桌上，具有特殊的使用范围。食雕与石雕、玉雕、木刻等有着共同的美学原理，属于艺术雕刻范畴。

　　食雕的属性规定了雕刻原料的范围，使其具有易制作、大多可食用、使用场所独特的特点；同时也使其具有色、形的感染力，给人以高雅优美的艺术享受。这两者构成了食品雕刻独具魅力的艺术特点，它丰富了烹饪文化，成为中国烹饪美学多种表现形式的重要内容。

任务 一 食品雕刻的历史与分类

一、任务目标

通过该任务的学习，认识食品雕刻在烹饪中是一个专门部分，认识食品雕刻艺术方面的属性，认识食品雕刻是对中国烹饪学科的有益补充，从而促进中国烹饪发展得更完善、更富于活力。

二、任务要求

（1）理解食品雕刻的历史。
（2）掌握食品雕刻的分类。

三、任务分解

1. 食品雕刻的历史

食品雕刻历史悠久，它究竟起源于何时，一时难以准确考证，我们只能从一些笔记杂著中寻到"蛛丝马迹"。食品雕刻最早起源于先秦时期，《管子》中便有"雕卵熟研之"的字句。《玉烛宝典》解释为"古之豪家，食称画卵，今代犹染蓝茜杂色，仍加雕镂，递相饷遗，或置盘俎"。看来，"雕卵"还不是用刀雕刻，只是彩画装饰，这是食品雕刻的前身。在隋代有"镂金龙凤蟹"出现，据说是在隋炀帝专用的佳肴"糖醉蟹"上覆盖一张用金纸镂刻成的龙凤图案装饰品，不是用刀在实物上雕刻，只是雕刻的雏形。到了唐代，有"辋川小样"的花色菜，据说是模仿唐代诗人王维"辋川图二十景"制作的，是用脯、腩、菜瓜、蔬笋各色相间而刻成的景物，一客一份，若满二十人，便合成"辋川图二十景"（全景）。唐代还有"五生盘"，据说是"烧尾宴"的名菜，是用牛、羊、兔、熊、鹿五种肉拼成的彩盘。唐代段成式撰《酉阳杂俎》一书中还记载有用木刻印盒做成的点心"五色饼"。又曰："五色饼法，刻木莲花，藉禽兽形按成之，盒中累积五色，竖作道，名为斗钉。"隋唐时期的谢讽在《食经》中写道："撮高巧装坛样饼，金丸玉菜置耀鳖。"意思是说圆坛形高置而巧装的面饼，金黄色的肉丸与玉洁的蔬菜同置于褐色甲鱼之中，造型和色彩的搭配都很考究。在晋代，"镂鸡子"一类雕刻已较为普遍，到了宋代有"雕花蜜煎一行"，说明雕刻已发展到以蜜饯果品为原料，造型有花卉、动物等，花色品种较为齐全。《山家清供》中记载：谢盖斋命厨师用香瓜剖开做酒杯，在香瓜外皮上雕刻出各样花纹。宋代吴自牧《梦粱录》"四司六局筵会假赁"中载："厨司……放料批切，调和精细，美味羹汤，精巧簇花龙凤劝盘等事。"《梦粱录》卷三"上寿赐宴"中载："每位列环饼，油饼枣塔为看盘。"宋代诗人陆游有"清酒如露鲜如花"的佳句，是对当时出现的"玲珑牡丹鲜"花盘的赞誉。"玲珑牡丹鲜"是用鱼片制成牡丹花状，蒸熟后呈微红色，活像一朵初放的牡丹花，构思巧妙，令人赞叹。宋朝有诗赞扬州的瓜雕："练厨朱生称绝能，昆刀善刻琅环青。佩翁对弈辨毫发，美人徒倚何娉婷。石壁山兔岩人雾，涧水松风似可听……"食品雕刻已经达到相当精美的程度了。

宋代大文学家苏轼也是一名擅长烹调的食家。他经常亲自烹制菜肴，不但讲究火候，而且非常注重色彩，造型美观。他在《烹豚诗》中云："蒸处已将蕉叶裹，熟时兼用杏浆浇，红鲜雅称金盘饤，软熟真堪玉箸挑。"可见诗人已将色、香、味、形融为一体。菜品熟后，浇上杏汁调剂，色彩金红透亮，造型犹如高雅的观赏盘，味质软糯而醇香。在宋代的许多酒楼出现看盘、看席，都具有优美的色彩和造型，而且都是在正式宴席开始前，陈置于桌上，专供食者观赏，以达到吸引食者、刺激食欲的目的。到了明清时期，在江东重镇扬州兴起了瓜雕热潮，用料发展到西瓜、冬瓜。开始是以瓜灯为多，后来瓜刻盛兴，将西瓜刻成莲瓣，在表皮上雕刻人物、花、鸟、鱼、虫。刀法有浮雕、镂雕、透明雕，内外交叉，相互套环，图案凹凸，形式多样，真是别开生面，奇妙无穷。明清是瓜雕艺术发展的鼎盛时期。在《扬州画舫录》中有"取西瓜镂刻人物、花卉、虫鱼之戏"的记载，可见扬州瓜雕技艺的精湛程度。上述食品雕刻大多是用来装饰餐桌的。

食品雕刻艺术发展到现代，更是百花齐放、百家争鸣。它作为实用艺术的一个重要门类，在继承前人丰厚的艺术遗产的基础上，经过广大烹饪工作者的不懈努力，雕刻水平有了飞跃，且不断提高：表现手法细腻，造型逼真，如花卉雕刻能以假乱真；题材更为广泛，作品艺术性高，如整雕造型既有传统的龙凤呈祥、松鹤同春，又有现代的城市建筑、热带风光等，还有充满生活气息的田园风光小景，这些都是食品雕刻的精品。可以说，现代食品雕刻艺术应用之广、样式之多、基础之深，是前所未有的。它在烹饪实践中，无时不在，无处不有，附于烹饪，充实烹饪，以其特有的艺术方式，促进烹饪艺术的发展，同时又调剂人们的生活，增添生活情趣，渲染喜庆气氛，烘托节日欢乐。

2. 食品雕刻的分类

（1）按食用性分类。

食雕作品按照其食用性，可分为可食型和观赏型两种。前者雕刻的原料为可食性的，作品既有艺术价值，可供人们欣赏，又有营养价值，可以食用，如以萝卜、南瓜、午餐肉等原料雕刻的作品。此类作品必须进行严格的原料消毒后方可制作。观赏型雕刻，其成品只供欣赏，不能食用，但艺术性较强，应用效果极佳，专起美化和烘托气氛的作用，如泡沫雕。

（2）按结构表现形式分类。

食雕作品按表现形式可划分为整雕、组雕、浮雕和镂空雕四种。

①整雕。用一块原料雕刻成一件食雕作品，不再需要其他物料的配衬与支持就自成一个整体，无论从哪个角度观赏，都具有独立性，且立体感极强，这种雕刻就叫整雕，也就是指用一块原料雕刻成一个具有完整形体的艺术作品。这种雕刻耗时较少、体积小，在实际工作中应用较多，效果也好。如用一块萝卜雕刻成一朵菊花，用一个长腿南瓜雕刻成整龙等。

②组雕。组雕也叫零雕整装，就是用几种颜色、品种各不相同的原料，分别雕刻出某个形体的各个部位，然后再集中组装成一个完整的物体形象。如在刻一只仙鹤时，由于原料的大小所限，往往是先将仙鹤的身体部分雕刻成形，再另取材料雕刻出仙鹤的左右翅膀，然后将刻好的翅膀组装在身体的合适部位。为使形态更加逼真，可将红樱桃一剖两开，取一半安装在头部作为鹤顶红，这样，一只栩栩如生的仙鹤才雕刻完成。此种雕刻称为组装雕刻。这种雕刻耗时较长，在使用前几个小时就开始雕刻，相对比较复杂，且难度较大，但成品色彩鲜艳逼真，造型灵活，艺术性较强。一般在大型宴会或高档席面上应用，往往给人耳目一新的感觉，效果极佳。

③浮雕。在某些原料（如西瓜、冬瓜、南瓜）的表面向外凸出或向里凹进刻出各种花纹图案，这种雕刻就是浮雕。常有两种形式：将花纹图案向外突出地刻在原料的表面上为凸雕（也称阳纹雕）；将花纹图案向里凹陷地刻在原料的表面上的为凹雕（也称阴纹雕）。此种雕刻要求操作人员要有较高的绘画技艺，先将设计好的图案，如亭台楼阁、山水风景、人物形态等画在原料的表面，确定好去掉和保留的部分，然后下刀雕刻。凸雕在难度和要求上稍高于凹雕。应用时多表现为西瓜盅、冬瓜盅等。

④镂空雕。镂空雕是在浮雕的基础上，运用镂空透刻的方法，将设计好的图案刻留在原料上，刻好后在其内部放一支点燃的蜡烛或小灯泡，光线从图案的纹路中透出，意境独具，应用时多表现为西瓜灯。

收集、整理、比较一下目前国内各地食雕的特色风格。与其他品种雕刻作品（如木雕、玉雕等）相比，食品雕刻有哪些特点？

任 务 二

食品雕刻的工具

工欲善其事，必先利其器，要学好或做好食品雕刻，应事先准备好一些必需的雕刻工具，主要是各种刀具。由于各地区雕刻风格及手法不同，雕刻的工具种类也不一样，故食品雕刻的刀具目前尚不统一。用于食品雕刻的刀具以锋利、灵便为原则，宜轻薄而不宜沉重、厚笨。雕刻工具多由不锈钢、铜皮及其他金属材料制成。常用刀具大致分为刻刀具和模型刀具两大类。

一、任务目标

通过该任务的学习，认识食品雕刻工具，更好地利用不同的工具创作优秀的作品。

二、任务要求

（1）熟练识别各种食品雕刻的工具。
（2）熟练掌握各种雕刻工具的使用。

三、任务分解

1. 刻刀种类

（1）直头平面刻刀。直头平面刻刀为长形斜口尖刃，刀口长为7~8厘米，后部柄宽为1.5厘米（见图1-2-1）。直头刻刀是蔬菜雕刻最主要的工具，多种花卉的花冠、鸟兽、人物造型等均需用直头刻刀雕刻。

（2）U形戳刀（见图1-2-2）又

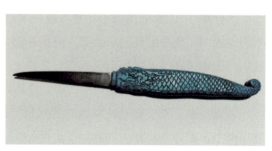

1-2-1　直头平面刻刀

称圆口戳刀，按开口尺寸不同有大、中、小型号，小号圆口戳刀主要用来戳花卉的花心、打槽、旋动物的眼睛、刻鸟类的羽毛等，凡较细的图案图形适宜用小号圆口戳刀。中号圆口戳刀是比较常用的，可以戳各种花卉的花瓣，如菊花、西番莲，还可以戳鸟类翅膀的羽毛，各种弧形、圆形等部位。大号圆口戳刀和上面的用法基本相同。

（3）V形戳刀（见图1-2-3）又称三角口戳刀、尖口戳刀、三角戳刀，刀刃横断面呈三角形，主要用于雕刻一些带齿边的花卉、鸟类羽毛、浮雕品的花纹等。其执刀方法与U形戳刀相同。

（4）挑环刀（见图1-2-4）又称拉环刀，主要使用刀口带勾的部分进去雕刻，是雕刻西瓜灯时拉环雕刻中常用的刀具。

（5）V形拉刻刀（见图1-2-5），可拉刻细线、毛发、鳞片、翅膀、尾羽、衣服褶皱、瓜盅线条、文字等，一切细线图形均可拉刻出来，用途极广。

（6）弧形拉刻刀（见图1-2-6），可拉大线条、鸟类翅膀、定大形、骨骼、衣服摆度，还可去皮、拉刻花、书写大号文字及一切大型线条，用途极广。

（7）六角形拉刻刀（见图1-2-7），可拉刻人物、动物毛发、胡须、鳞片、衣服褶皱、盅线条，书写文字，拉青草、叶片，效果媲美主刀，用途极

图1-2-2　U形戳刀

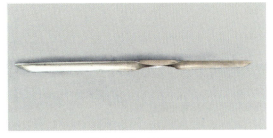

图1-2-3　V形戳刀

图1-2-4　挑环刀

图1-2-5　V形拉刻刀

图1-2-6　弧形拉刻刀

广，为快速食雕拉刻技法必备刀具。

（8）圆形拉刻刀（见图1-2-8），用于挖圆形深洞，又称QQ拉刻刀，从小到大可分5个以上型号，可拉刻半弧形线条、水珠，人物、动物脸部轮廓、鼻孔、耳凹等，是较常用的辅助拉刻刀。

图 1-2-7　六角形拉刻刀

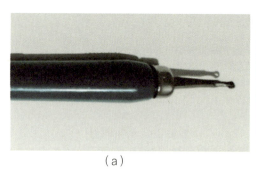

（a）

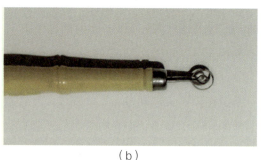

（b）

图 1-2-8　圆形拉刻刀

2. 雕刻刀法

（1）削。削是雕刻前使用的一种最基本的刀法，主要是使原料平整光滑或削出所需要的轮廓，一般有推削与拉削两种。

（2）切。切一般用平面刻刀或小型切刀操作。它是一种辅助刀法，很少单独用来雕刻成形。

（3）旋。旋是一种用途极广的刀法。它可单独旋刻成形，又是多种雕刻方法所必需的一种辅助刀法。一般用平面刀、弧面刻刀操作。

（4）戳。戳主要用于雕刻花卉和禽类羽毛，一般用戳刀操作，用途较广。

（5）刻。刻是雕刻中的主要刀法，一般用主刀、拉刻刀操作，用途较广，根据刀与原料接触的角度可分直刻与斜刻两种。

3. 雕刻手法

雕刻手法是指在雕刻过程中，手执刀的各种姿势。在食品雕刻过程中，执刀的姿势只有随着作品不同形态的变化而变化，才能表现出预期的效果，符合主题的要求。所以，只有掌握了执刀的方法，才能运用各种刀法雕刻出好的作品。常见的雕刻手法如下：

（1）执笔手法。

执笔手法（见图1-2-9）也叫刻刀手法，是指握刀的姿势形同握笔的执刀手法，即拇指、食指、中指捏稳刀身，其余二指作为支撑点，比传统三指执刀更灵活。此种执刀手法是常用的执刀法。

（2）横刀手法。

横刀手法（见图1-2-10），是指右手四指横握刀把、拇指作为支撑点的执刀手法。在运刀时，四指上下运动，拇指则按住所要刻的部位。在完成每一刀的操作

图 1-2-9　执笔手法

后，拇指自然回到刀刃的内侧。此手法适用于各种大型整雕及一些花卉的雕刻。

（3）纵刀手法。

纵刀手法（见图1-2-11），是指四指纵握刀把、拇指贴于刀刃内侧的执刀手法。运刀时，腕力从右至左匀力转动。此种手法适用于雕刻表面光洁、形体规则的物体，如各种花卉的坯形、圆球、圆台等。

图 1-2-10　横刀手法

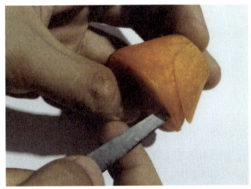

图 1-2-11　纵刀手法

（4）戳（插）刀手法。

戳刀手法（见图1-2-12）与执笔手法大致相同，区别是小指与无名指必须按在原料上以保证运刀准确，不出偏差。此种手法主要用来握戳刀常用于羽毛、菊花等的雕刻。

（5）两指握刀法。

使用拉刻刀一般采用两指握刀法（见图1-2-13），特殊情况也可换用横刀手法，可顺力往回拉刻。

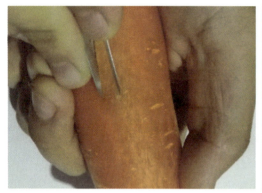

图 1-2-12　戳（插）刀手法

图 1-2-13　两指握刀法

四、任务拓展

熟悉雕刻刀的种类，掌握每种雕刻刀的雕刻手法，可以拍成小视频相互学习。

任 务 三 　食品雕刻的原料

食品雕刻的原料极多，大致上可分为根茎类原料、瓜果类原料、叶菜类原料、花菜类原料、再制品原料及其他原料。这些原料在色泽、性能、生产季节、产地、加工等各方面均有不同的特性。雕刻时可根据宴会、酒会的菜品美化要求进行选择。

一、任务目标

通过该任务的学习，认识食品雕刻原料，熟悉不同原料的特性，更好地应用到食品雕刻中。

二、任务要求

（1）熟练识别各种食品雕刻的原料。

（2）熟练掌握各种食品原料的雕刻。

1. 中国萝卜

萝卜为根茎类蔬菜烹饪原料，属十字花科萝卜属，为1~2年生草本植物，萝卜主要分为中国萝卜和四季萝卜两大类群。

中国萝卜依据栽培季节可分为四个基本类型：

（1）秋冬型：中国各地均产，有红皮、绿皮、白皮、绿皮红心等不同的品种群。主要品种有薛城长红、济南青圆脆、石家庄白萝卜、北京心里美萝卜等。

（2）冬春型：主产于长江以南及四川等地，主要品种有成都春不老萝卜、杭州览桥大红缨萝卜等。

（3）春夏型：中国各地均产，主要品种有北京炮竹筒、蓬莱春萝卜、南京五日红。

（4）夏秋型：主产于黄河以南地区，常作夏、秋淡季蔬菜，主要品种有杭州小钩白等。

2. 四季萝卜

四季萝卜叶小、叶柄细、茸毛多，肉质根较小且极早熟，适用于生食和腌渍，主产于欧洲西部、美国、中国，日本也有少量种植。中国栽培的主要品种有南京杨花萝卜、上海小红萝卜、烟台红丁等。烹调应用中，一般按上市季节和老嫩程度分别应用。

中国北方栽培的秋冬型萝卜适宜在0~3℃、相对湿度为95%的条件下用沟窖埋藏法贮存。贮藏中若温度偏高，则易生叶抽薹，消耗营养和水分，导致糠心。萝卜在食品雕刻中的应用分别为：

①白萝卜：体大、肉厚、色泽纯白洁净。可用于雕刻各种白色的花卉（如马蹄莲、白牡丹、荷花等），也可用于雕刻花瓶、昆虫或其他各种动物。白萝卜是雕刻仙鹤的理想原料。

②小红心萝卜和小红皮萝卜：体小，肉质细腻、坚实，皮薄而红。小红心萝卜内心紫红，小红皮萝卜肉质纯白洁净。它们是雕刻小花的理想原料。

③紫心萝卜：又称心里美。外皮青绿，内心紫红，一般椭圆状，其肉质色彩、纹路美观自然，一般多用于雕刻牡丹花、月季花、大理花等大、中型花朵。

④青萝卜：又称卫青萝卜、青皮脆。体呈长圆柱形，长而粗，皮厚呈绿色，肉质从外至内逐渐呈纯白色（也有皮肉全呈绿色的），是进行整雕的理想原料。如雕刻孔雀

开屏、喜鹊登枝等，也可雕刻各种大、中型花朵。

3. 甘薯

甘薯为一年生或多年生草蔓性藤本植物，又称番薯、山芋、红薯、白薯、地瓜、红苕等。原产于南美洲，由野生近缘种演化而来。15世纪太平洋的一些岛屿已种植，16世纪传入西班牙，后由西班牙水手带至菲律宾，并传到亚洲各地。16世纪末由菲律宾和越南引入我国福建、广东沿海地区，后传到长江、黄河流域及台湾省。现除青藏高寒地区外，全国各地均有种植。华东、华北及西南各省为主产区。其种植面积及总产量均居世界首位。

甘薯的肉质块根有纺锤、圆筒、椭圆、球形等形状；皮色有白、淡黄、黄、黄褐、红、淡红、紫红等；肉色有白黄、黄、淡黄、橘红、紫红等；块根内部有大量乳汁管，受伤时分泌出白色乳汁。

甘薯可用来雕刻小型的鸟、孔雀头、龙爪或花卉等，但其色泽易变黑，需用水浸泡，又因其含淀粉较多，表面干涩，故不常用。

4. 胡萝卜

胡萝卜为根茎类蔬菜烹饪原料，伞形花科胡萝卜属野胡萝卜种，胡萝卜变种中能形成肥大肉质根的一个变种，一年生或二年生草本植物，又称红萝卜、丁香萝卜、胡芦旅金、赤珊瑚、黄根等。原产于亚洲西部的阿富汗，栽培历史已达2000年以上。13世纪由伊朗引入我国，全国各地均有栽培，产量居根类菜第2位。胡萝卜的肉质根为圆锥或圆柱形，呈紫红、橘红、黄或白色，肉质致密有香味。肉呈红、黄色者含胡萝卜素较多。胡萝卜品种较多，一般按其肉质根形态分为三种类型：

（1）短圆锥形：为早熟品种，主要品种有烟台三寸胡萝卜，其皮肉均为橘红色，单根重100～150克，肉厚，心柱细，质嫩味甜。

（2）长圆锥形：多为中、晚熟品种，主要品种有内蒙古黄萝卜、烟台五寸胡萝卜、汕头红胡萝卜等，耐贮藏。

（3）长圆柱形：为晚熟品种，根细长，肩粗壮，主要品种有南京、上海的长红胡萝卜，湖北麻城棒褪胡萝卜，浙江乐阳、安徽肥东的黄胡萝卜及广东麦村胡萝卜等。

胡萝卜肉质致密，颜色橘红，雕者极易利用其天然的质与色制作各种食雕造型。一般适合雕刻红、黄色的小花朵，如梅花、小草菊以及某些大中型花朵的花蕊，也常用来雕刻各种飞禽及其喙、爪等，是一种用途广泛的雕刻原料。

5. 土豆

土豆为薯芋类蔬菜烹饪原料，茄科属中能形成地下块茎的栽培种，为一年生草本植物，学名马铃薯，又称山药蛋、洋芋、地蛋、荷兰薯，以肥硕的地下块茎供食用。土豆起源于秘鲁和玻利维亚的安第斯山区，我国约在16—19世纪分别由西北和华南多种途径引入。在我国东北、西北及西南高山地区粮菜兼用，华北及江淮流域则多作蔬菜。主产区为西南山区、西北、内蒙古和东北地区。

土豆大部分栽培种均系通过杂交育种选育而成。按皮色分为白、黄、红、紫等品种，按肉质的颜色还可分为黄肉种和白肉种，按形状分有圆形、椭圆、长筒和卵形等品种。

土豆肉厚质脆嫩，呈白色或黄色，多用于雕刻花卉。体大肉白者，是雕刻仙鹤的理想原料，使用时需用水漂泡，以免变黑。

6. 芋

芋为薯芋类蔬菜烹饪原料，多年生草本植物，又称芋头、毛芋等。芋起源于印度、马来西亚和我国南部等亚热带沼泽地区，后随原始马来民族的迁移从菲律宾、印度传到澳大利亚、新西兰等地，另一路从印度传入埃及、地中海沿岸地区的欧洲大陆，16世纪从太平洋岛屿传入美洲。我国为芋的主产区之一，栽培面积居世界首位，主要分布在珠江流域和台湾省，其次为长江和淮河流域，华北地区也有栽培。

（1）魁芋：母芋大，质量可达1.5～2千克，品质优于子芋，粉质，香味浓，多产于四川、广东、广西、台湾及福建中南部。主要品种有四川宜宾的串根芋、竹芋、白面芋、台湾西芋、糯米芋、槟榔芋、广西荔浦芋、红槟榔心等，以广西的荔浦芋最为著名。

（2）多子芋：子芋多，无柄，易分离，产量及品质均优于母芋。一般为黏质，多产于长江流域，又分为水芋、旱芋、水旱芋三种。水芋的主要品种有宜昌的白荷芋、红荷芋；旱芋的主要品种有上海白梗芋、广州白芽、广东红芽芋、福建青梗无娘芋、红梗无娘芋、成都红嘴芋、浏阳红芋和台湾乌播芋等；水旱芋的主要品种有长沙白荷芋、乌荷芋等。

（3）多头芋：球茎分桑丛生，母芋、子芋、孙芋无明显差别，质地介于粉质和黏质之间。一般为旱芋，主要品种有广东九面芋、江西新余狗头芋、福建长脚九尖芋、广西狗爪芋、四川莲花芋等。

芋头质地细密，体形较大，适用于雕刻各种中小型的鸟兽鱼虫等。因其具有天然的色泽并带有黑褐色规则的斑点，若用它作原料雕刻梅花鹿、顽童，则能给作品增色不少。

7. 洋葱

洋葱为葱韭类蔬菜烹饪原料，百合科葱属，2~3年生或多年生草本植物。洋葱的鳞茎，又称葱头、玉葱、球葱、圆葱、团葱、皮芽子等，具强烈的葱香，叶圆柱形，浓绿色，叶鞘肥厚呈鳞片状，密集于短缩茎的周围，形成鳞茎；鳞茎大，呈球形、扁球形或椭圆形；外皮白色、黄色或紫红色。洋葱分普通洋葱、分蘖洋葱、顶生洋葱三个类型，普通洋葱一般用种子繁殖，其他类型均用鳞茎繁殖。洋葱起源于亚洲西部的阿富汗、伊朗及中亚一带，20世纪传入我国，现各地均有栽培。优良品种有：湖南的零陵红衣葱、广东的冲坡洋葱、北京的紫皮洋葱等。洋葱因其色泽美观，多用于雕刻荷花、菊花、睡莲等花卉。

8. 姜

姜为薯芋类蔬菜烹饪原料，属姜科姜属多年生宿根草本植物，古称姜，又称生姜、黄疾，作一年生蔬菜栽培，以其肉质根茎供食。姜原产于我国南方和东南亚等热带地区，后传入地中海地区和日本、英格兰、美洲，现广泛栽培于世界各温带、亚热带地区。姜在我国南方自古就有栽培，《论语》《礼记》等古籍中已有记载，明代传入北方，现除东北、西部寒冷地区外，中、南部各省均有栽培，其中广东、浙江、山东为主产区。

姜可做奇山怪石，切丝斩末，做花朵的花蕊、花心等。

9. 冬瓜

冬瓜为瓜类蔬菜烹饪原料，属葫芦科冬瓜属，为一年生攀缘性草本植物，又称白瓜、水芝、枕瓜。冬瓜原产于我国和东印度，并广泛分布于亚洲热带、亚热带及温带地区。冬瓜品种按果实的大小可分为小果型和大果型两类。小果型果实较小，单果2~5千克，果型扁圆或长圆，果实被白蜡粉或无蜡粉；大果型果实大，单果10~20千克，果型短圆柱或长圆柱形，果皮青绿色或被白蜡粉。主要品种有广东青皮冬瓜、灰皮冬瓜、牛脾冬瓜、湖南粉皮冬瓜、龙泉冬瓜，江西扬子洲冬瓜，上海白皮冬瓜及北京地冬瓜等。此外，按成熟的早晚还可分为早熟种和晚熟种，按果皮白蜡粉的有无，分为粉皮种和青皮种等。

冬瓜肉厚实，外绿肉白，内有瓤。雕刻时多利用其皮内外对比鲜明的特点，雕刻冬瓜盅或冬瓜灯，也可用来雕刻花卉、花篮等。

10. 黄瓜

黄瓜为瓜类蔬菜烹饪原料，属葫芦科甜瓜属，为一年生蔓性草本植物，又称青瓜、王瓜。原产于印度、锡金等地，汉代张骞出使西域时传入我国，后又经我国相继传到朝鲜、日本、东南亚及欧洲、美洲各国，现已成为世界各地普遍栽培的重要蔬菜。黄瓜栽培地域广，历史久远，类型和品种十分丰富。

黄瓜皮青绿、肉乳白，其瓜皮可雕刻平面图案，作为拼摆陪衬之用；瓜肉可雕小型花卉；其根部致密、色碧绿，是雕刻螳螂、蜻蜓等昆虫的理想原料。整根黄瓜多用于旋刻双喇叭花或其他点缀性的叶片、花叶等，亦可改做凤尾作盘饰。

11. 南瓜

南瓜为瓜类蔬菜烹饪原料，葫芦科南瓜属一年生草本植物，又称番瓜、饭瓜。南瓜起源于中、南美洲，16世纪传入欧洲，后传入亚洲，现世界各地均有栽培，其中以亚洲栽培面积最大。主要分布在我国、印度、马来西亚、日本等。现我国各地普遍栽培。7月下旬开始分期分批采收上市，8月中下旬大量采收上市，是夏秋冬季节的主要蔬菜。

南瓜按果实的形状分为圆南瓜和长南瓜两个变种。圆南瓜果实扁圆或圆形，果面多有纵沟或瘤状突起，果实深绿色，有黄色斑纹。名品有湖北柿饼南瓜、甘肃磨盘南瓜、广东盒瓜、台湾木瓜形南瓜等。长南瓜果实长形，头部膨大，果皮绿色有黄色花纹或墨绿色。名品有山东长南瓜、浙江十姐妹、江苏牛腿番瓜等。

长形南瓜可用于雕刻龙、凤、孔雀、八角楼、四角塔等大型的整雕，其上端实心部位可雕刻各种花朵；扁圆形南瓜一般用于雕花篮、南瓜盅等。

12. 西瓜

西瓜为瓜类蔬菜烹调原料，葫芦科西瓜属一年生蔓性草本植物，果实又称寒瓜、夏瓜、水瓜等，西瓜主要以果实和种子供食用。西瓜原产非洲撒哈拉沙漠，栽培始于埃及人，于五代时传入我国。现在除了少数寒冷地区外，我国南北各地都有栽培，总产量居世界首位。

西瓜依用途不同可分为界实用和种子用两大类型。前者瓜形大，瓤味甜；后者为瓜子西瓜（打瓜），形小，皮厚、瓤味淡、种子大。

食品雕刻用的西瓜以墨绿的厚皮瓜最好，食雕时可充分利用其皮外绿内白瓤红、色彩对比强烈这一特点。一般用于雕刻西瓜盅、西瓜篮或西瓜灯等。当前，还出现了利用瓜皮雕刻鸟、兽、虫、鱼的作品，也有只用瓜的红瓤雕刻金鱼、大理花。

13. 大白菜

大白菜为白菜类蔬菜烹饪原料，十字花科芸薹属芸薹种大白菜亚种，一年生或二年生草本植物。古称菘，学名结球白菜，是我国北方主要栽培蔬菜品种，主产于山东、河北、河南等省。大白菜茎短缩肥大，叶横宽而扁，叶色黄绿至泽绿，叶球嫩黄至奶白，叶肉细胞发达多皱，如核桃纹。

大白菜在使用时去外帮和上半截嫩叶，留下半截靠根部的菜帮进行雕刻。其菜帮虽脆嫩多汁，但由于纵向纤维较多，故施刀时其组织不易脱落，是雕刻菊花的理想原料之一。雕出的菊花经水浸泡后，菊花瓣自然翻卷，非常逼真。此外，大白菜叶也常用作花坛、花盆的填衬物。

14. 莴苣

莴苣为叶茎类蔬菜烹饪原料，属菊科，一年生或二年生草本植物，又名青笋，习惯上将其茎称为莴笋。

莴笋茎粗壮硕，肉质细嫩且润泽如玉，多为翠绿，可用来雕刻鸟（如翠鸟、鹦鹉等）、菊花及各种小花，以及人物的镯、替、服饰等。

15. 辣椒

辣椒为茄果类蔬菜烹饪原料，属茄科辣椒属，一年生或多年生草本植物，以果实供食用，又称番椒、海椒、秦椒、辣茄、大椒、青椒、辣子等。辣椒原产南美洲的秘鲁，在墨西哥驯化为栽培种，15世纪传入欧洲，明代传入我国，在西北、西南、华南等省均有栽培，在世界各地均有分布。

辣椒多用于雕刻各种花朵，主要利用其红、黄、白、绿品种的自然色。灯笼椒可作小盛盅，内放炒好的热肴上桌。

四、任务拓展

利用互联网收集一下食品雕刻材料，做成食品雕刻原料图谱。

项目二

花卉雕刻

花卉以蓬勃盎然的生机、绚丽多彩的颜色、沁人心脾的芳香，自古以来就深受人们的喜爱。花卉不仅装点着河山，美化着环境，同时又能陶冶情操，给人以美好的精神享受。正是人们爱花、喜欢花，所以把花卉作为主要的雕刻素材，利用雕刻的方法，将食物原料雕刻成各种各样的花卉，运用到菜点的制作和装饰中。

　　花卉雕刻是学习食品雕刻的重点，也是学习食品雕刻的入门基础。通过学习雕花，可以逐渐掌握食品雕刻中的各种刀法和手法，为以后的学习打下坚实的基础。本项目由浅入深，由易到难，循序渐进，使学生掌握食品雕刻的各种技巧。

四瓣花的雕刻

一、任务目标

通过该任务的学习，掌握雕刻主刀的应用技巧，运用切、划、削等基本技法，切雕出四瓣花，并能通过设计，制作运用菜肴盘饰。

二、任务要求

（1）学会运用切雕工艺，雕刻基本花卉，重点体会雕刻的刀法和手法以及手、眼、原料、刀具的相互配合。

（2）运用所掌握的基本元素，进行适当的拓展、创新，设计制作出雕刻作品。

三、任务分解

1. 原料选择

胡萝卜（见图2-1-1）。

2. 雕刻工具

雕刻主刀、片刀（见图2-1-2）。

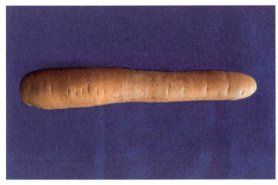

图 2-1-1　胡萝卜

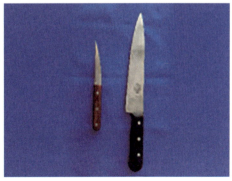

图 2-1-2　雕刻主刀、片刀

3. 雕刻刀法

切、划、批等。

4. 雕刻分解

（1）将原料切成长4厘米左右的段，用雕刻刀把原料修成近似长方体的形状，如图2-1-3（a）所示。

（2）原料大头朝前，从长方体的棱柱上斜切出花瓣雏形，如图2-1-3（b）所示。

（3）从上往下运刀，刻出一个尖形的面，然后再用刀刻出第一个花瓣，如图2-1-3（c）所示。采用同样的方法雕刻出余下的3个花瓣，并把4个花瓣底部连在一起取下来。

（4）刻出三朵四瓣花，用绿叶点缀，如图2-1-3（d）所示。

（a）　　　　　　　　　（b）　　　　　　　　　（c）

（d）

图2-1-3　四瓣花雕刻分解

四、核心技能视频

四瓣花的雕刻

五、评分标准

四瓣花雕刻评分标准如表2-1-1所示。

表2-1-1　四瓣花雕刻评分标准

指标	标准	分值
外形	花瓣上薄下厚且4个花瓣底部要紧挨着连在一起	60
刀法	花瓣平整光滑，完整无缺	20
应用	主题鲜明，设计合理美观，有创意，构思简洁、巧妙	20

六、任务拓展

利用所学知识雕刻辣椒花、五瓣花等，如图2-1-4、2-1-5所示。

2-1-4　辣椒花　　　　　　　　　　　　2-1-5　五瓣花

一、任务目标

通过该任务的学习，掌握雕刻主刀的应用技巧，运用切、内削等基本技法，雕刻出木兰花，并能通过设计，制作运用菜肴盘饰。

二、任务要求

（1）学会运用切雕工艺，雕刻三层花卉，重点体会雕刻的刀法和手法以及手、眼、原料、刀具的相互配合。

（2）运用所掌握的基本元素，进行适当的拓展、创新，设计制作出雕刻作品。

三、任务分解

1. 原料选择

胡萝卜（见图2-2-1）

2. 雕刻工具

雕刻主刀、片刀（见图2-2-2）。

图 2-2-1　胡萝卜

3. 雕刻刀法

切、划、削等。

4. 雕刻分解

（1）将原料切成长5厘米左右的段，如图2-2-3（a）所示。

（2）用雕刻刀把原料修成近似圆锥体的形状，如图2-2-3（b）、（c）所示。

（3）原料握在手中，从圆锥体底部划

图 2-2-2　雕刻主刀、片刀

出椭圆状花瓣雏形，如图2-2-3（d）所示。

（4）从花瓣外侧下刀往下运刀，去掉花瓣周边的废料，如图2-2-3（e）所示。

（5）去掉花瓣内的废料，并在两个花瓣之间刻出第二层花瓣，如图2-2-3（f）所示。

（6）依次雕刻出第三层花瓣，并在花心刻出数条花蕊，如图2-2-3（g）所示。

（7）用绿叶点缀完成一个木兰花雕刻成品，如图2-2-3（h）所示。

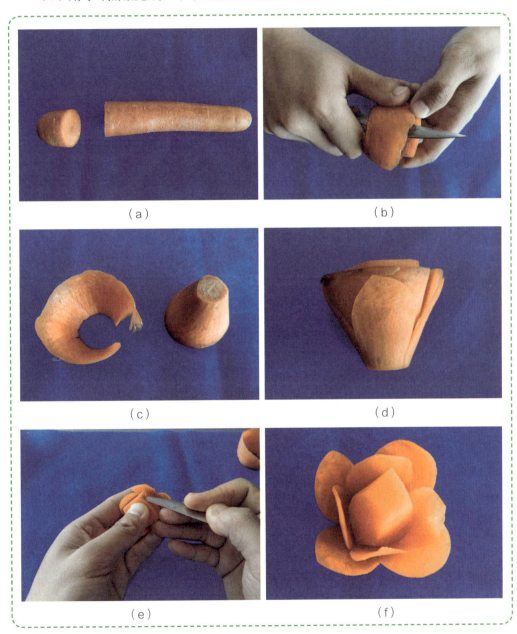

（a）

（b）

（c）

（d）

（e）

（f）

（g）

（h）

图 2-2-3　玉兰花雕刻分解

四、核心技能视频

玉兰花的雕刻

五、评分标准

玉兰花雕刻评分标准如表2-2-1所示。

表2-2-1 玉兰花雕刻评分标准

指标	标准	分值
外形	花瓣向内收拢，表现出刚开放的姿态	60
刀法	花瓣平整光滑，完整无缺，花心精致	20
应用	主题鲜明，设计合理美观，有创意，构思简洁、巧妙	20

六、任务拓展

利用所学知识雕刻制作一朵盛开的玉兰花，如图2-2-4所示。

图2-2-4 玉兰花

雏菊花的雕刻

一、任务目标

通过该任务的学习，掌握雕刻主刀、U形戳刀、V形戳刀的应用技巧，运用切、戳等基本技法，雕刻出雏菊花，并能通过设计，制作运用菜肴盘饰。

二、任务要求

（1）学会运用U形戳刀、V形戳刀，戳出小型丝状花瓣，重点体会戳刀雕刻的刀法和手法以及手、眼、原料、刀具的相互配合。

（2）运用所掌握的基本元素，进行适当的拓展、创新，设计制作出小型丝状花瓣雕刻作品。

三、任务分解

1. 原料选择

胡萝卜（见图2-3-1）。

2. 雕刻工具

雕刻工具从左到右依次是中号U形戳刀、小号U形戳刀、小号V形戳刀、雕刻主刀，如图2-3-2所示。

图2-3-1　胡萝卜

3. 雕刻刀法

切、戳、划、削等。

4. 雕刻分解

（1）将原料切成长5厘米左右的段，如图2-3-3（a）所示。

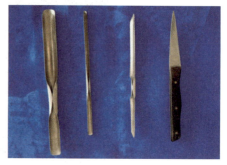

图2-3-2　雕刻工具

（2）先用主刀把原料修成近似圆柱体的形状，如图2-3-3（b）所示。

（3）用中号U形戳刀直向旋转，在圆柱体原料中间雕刻出花心，并用主刀去掉花心边缘的废料，雕刻出花心，如图2-3-3（c）所示。

（4）从圆柱体外侧小号V形戳刀均匀用力，戳出雏菊的丝状花瓣，如图2-3-3（d）所示。

（5）用主刀去掉丝状花瓣下面的废料，依次完成两层花瓣雕刻，如图2-3-3（e）所示。

（6）用主刀去掉雏菊花的顶托，完成雏菊花的雕刻，如图2-3-3（f）、（g）所示。

（a）　　　　　　　　　（b）　　　　　　　　　（c）

（d）　　　　　　　　　（e）　　　　　　　　　（f）

（g）

图2-3-3　雏菊花雕刻分解

雏菊花的雕刻

五、评分标准

雏菊花雕刻评分标准如表2-3-1所示。

表2-3-1　雏菊花雕刻评分标准

指标	标准	分值
外形	花瓣自然展升，无花瓣断裂，层次清晰	60
刀法	戳刀平滑，完整无缺，花心圆润	20
应用	主题鲜明，设计合理美观，有创意，构思简洁、巧妙	20

六、任务拓展

利用所学知识雕刻制作一朵雏菊花，如图2-3-4所示。

图2-3-4　雏菊花

菊花的雕刻

一、任务目标

通过该任务的学习，掌握雕刻主刀的应用技巧，运用切、雕等基本技法，雕刻出菊花，并能通过设计，制作运用菜肴盘饰。

二、任务要求

（1）学会运用主刀、小戳刀，戳出花蕊，重点体会戳刀和主刀的相互配合。

（2）运用所掌握的基本元素，进行适当的拓展、创新，设计制作出小型丝状花瓣雕刻作品。

三、任务分解

1. 原料选择

胡萝卜（见图2-4-1）。

2. 雕刻工具

雕刻工具从左到右依次是小号U形戳刀、中号U形戳刀、雕刻主刀，如图2-4-2所示。

图2-4-1 胡萝卜

图2-4-2 雕刻工具

3. 雕刻刀法

切、戳、划、削等。

4. 雕刻分解

（1）将原料切成长5厘米左右的段，如图2-4-3（a）所示。

（2）用主刀把原料修成腰鼓状的柱体，中间鼓起，两端收窄，如图2-4-3（b）所示。

（3）从原料顶部下刀，用中号U形戳刀弯曲用刀，戳出第一层花瓣，用雕刻主刀去掉紧贴花瓣的一层废料，让花瓣展开，如图2-4-3（c）所示。

（4）依次用中号U形戳刀戳出三层花瓣，如图2-4-3（d）所示。

（5）用小号U形戳刀戳出第四层花瓣露出花心，如图2-4-3（e）所示。

（6）用主刀去掉最里层废料，并雕刻出花心，如图2-4-3（f）所示。

（a） （b） （c）

（d）

（e） （f）

图 2-4-3　菊花雕刻分解

四、核心技能视频

菊花的雕刻

五、评分标准

菊花雕刻评分标准如表2-4-1所示。

表2-4-1　菊花雕刻评分标准

指标	标准	分值
外形	菊花花瓣微微弯曲，无花瓣断裂，层次清晰	60
刀法	戳刀平滑，完整无缺，花心圆润	20
应用	主题鲜明，设计合理美观，有创意，构思简洁、巧妙	20

六、任务拓展

利用所学知识用白萝卜、白菜雕刻制作白色菊花，如图2-4-4所示。

图 2-4-4　白菊花

荷花的雕刻

一、任务目标

通过该任务的学习，掌握雕刻主刀的应用技巧，运用切、雕等基本技法，雕刻出荷花，并能通过设计，制作运用菜肴盘饰。

二、任务要求

（1）学会运用主刀，重点体会运用主刀雕刻花瓣的技巧。

（2）运用所掌握的基本元素，进行适当的拓展、创新，设计制作出其他大型花瓣雕刻作品。

三、任务分解

1. 原料选择

胡萝卜（见图2-5-1）。

2. 雕刻工具

雕刻工具从左到右依次是小号U形戳刀、小号V形戳刀、雕刻主刀，如图2-5-2所示。

图2-5-1　胡萝卜

图2-5-2　雕刻工具

3. 雕刻刀法

切、削等。

4. 雕刻分解

（1）将原料切成长5厘米左右的段，如图2-5-3（a）所示。

（2）用主刀把原料修成下端三分之二呈五边形的柱体，如图2-5-3（b）所示。

（3）从原料顶部下刀，用刀尖划出荷花形状，注意叶片顶端稍尖。主刀刻入划线处，深度1毫米，并削出上薄下厚的花瓣，同时去掉紧贴花瓣的一层废料，让花瓣展开，如图2-5-3（c）所示。

（4）依次用相同的方法雕刻出二到三层花瓣，如图2-5-3（d）所示。

（5）用小号V形戳刀戳出花蕊，用主刀去掉其余废料，用小号U形戳刀戳出未成熟的莲蓬，如图2-5-3（e）所示。

（6）把冬瓜皮修成圆形，填入花心，完成荷花制作，如图2-5-3（f）所示。

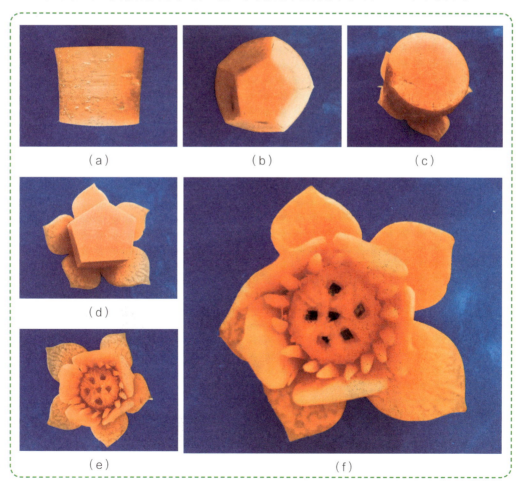

（a）　　　　　　　　（b）　　　　　　　　（c）

（d）

（e）　　　　　　　　（f）

图2-5-3　荷花雕刻分解

四、核心技能视频

荷花的雕刻

五、评分标准

荷花雕刻评分标准如表2-5-1所示。

表2-5-1 荷花雕刻评分标准

指标	标准	分值
外形	荷花花瓣叶尖稍弯曲，无花瓣断裂，层次清晰，中间花心孔洞均匀	60
刀法	主刀运用自如，不顿挫，花形圆润无毛刺	20
应用	主题鲜明，设计合理美观，有创意，构思简洁、巧妙	20

六、任务拓展

利用所学知识用白萝卜制作一款白莲花，如图2-5-4所示。

图2-5-4 白莲花

牡丹花的雕刻

一、任务目标

通过该任务的学习，掌握花瓣刀的雕刻技巧，运用削、雕、粘等基本技法，雕刻出花瓣，并能通过设计，制作运用菜肴盘饰。

二、任务要求

（1）学会运用花瓣刀，重点体会花瓣刀的雕刻技巧。

（2）运用所掌握的基本元素，进行适当的拓展、创新，设计制作出其他大型花瓣雕刻作品。

三、任务分解

1. 原料选择

胡萝卜（见图2-6-1）。

图2-6-1　胡萝卜

2. 雕刻工具

雕刻工具从左到右依次是雕刻主刀、雕刻花瓣刀、V形拉刻刀，如图2-6-2所示。

3. 雕刻刀法

切、削等。

4. 雕刻分解

（1）将胡萝卜原料切成长4厘米左右的段，并修整成水滴形，如图2-6-3（a）所示。

（2）用主刀把水滴形的粗雕刻件修成有波浪纹的花瓣，如图2-6-3（b）所示。

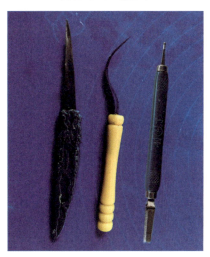

图2-6-2　雕刻工具

（3）用花瓣刀从雕刻件上刨出20～30朵花瓣，如图2-6-3（c）所示。

（4）用胡萝卜雕刻出牡丹花的底座和圆柱形花心，如图2-6-3（d）所示。

（5）用V形拉刀拉出花蕊，用主刀去掉其余废料，如图2-6-3（e）所示。

（6）以花心为中心用胶水把花瓣一片片粘贴上去，完成牡丹花制作，如图2-6-3（f）所示。

（a）　　　　　　　　　（b）　　　　　　　　　（c）

（d）

（e）　　　　　　　　　　　　　　　（f）

图2-6-3　牡丹花雕刻分解

四、核心技能视频

牡丹花的雕刻

五、评分标准

牡丹花雕刻评分标准如表2-6-1所示。

表2-6-1　牡丹花雕刻评分标准

指标	标准	分值
外形	牡丹花绽放盛开，花瓣自然弯曲，无花瓣断裂，层次清晰	60
刀法	花瓣刀灵活应用，花瓣圆润	20
应用	主题鲜明，设计合理美观，有创意，构思简洁、巧妙	20

六、任务拓展

利用所学知识使用花瓣刀粘贴一朵用南瓜制作的黄色牡丹花，如图2-6-4所示。

图2-6-4　黄色牡丹花

山茶花的雕刻

一、任务目标

通过该任务的学习，掌握利用主刀雕刻花瓣的技巧，运用削、雕等基本技法，快速雕刻出山茶花，并能通过设计，制作运用菜肴盘饰。

二、任务要求

（1）学会运用雕刻，重点体会运用主刀雕刻花瓣的技巧。

（2）运用所掌握的基本元素，进行适当的拓展、创新，设计制作出其他大型花瓣雕刻作品。

三、任务分解

1. 原料选择

心里美萝卜（见图2-7-1）。

图2-7-1　心里美萝卜

2. 雕刻工具

雕刻工具为雕刻主刀（见图2-7-2）。

3. 雕刻刀法

切、削等。

4. 雕刻分解

（1）将心里美萝卜根部修切平整，如图2-7-3（a）所示。

（2）用主刀把心里美萝卜底部修整成正五边形，如图2-7-3（b）所示。

（3）用主刀白萝卜中间部位由上而下直接刻出，上薄下厚的花瓣，并刀去掉花瓣周围的废料，雕刻5～7层花瓣，

图2-7-2　雕刻工具

如图2-7-3（c）所示。

（4）第二层花瓣应雕刻在第一层花瓣中间处，如图2-7-3（d）所示。俯视花瓣如图2-7-3（e）所示。

（5）依次雕刻4层花瓣，如图2-7-3（f）所示。

（6）雕刻到花瓣收窄处，雕刻刀稍微竖直倾斜雕刻花瓣，直至完成整个山茶花的雕刻，如图2-7-3（g）所示。

（7）点缀绿叶完成山茶花雕刻，如图2-7-3（h）所示。

（a）   （b）

（c）   （d）

（e）   （f）   （g）

（h）

图 2-7-3　山茶花雕刻分解

四、核心技能视频

山茶花的雕刻

五、评分标准

山茶花雕刻评价标准如表2-7-1所示。

表2-7-1　山茶花雕刻评价标准

指标	标准	分值
外形	山茶花完全开放，花型优美，无花瓣断裂，层次清晰	60
刀法	主刀灵活应用，能快速雕刻	20
应用	主题鲜明，设计合理美观，有创意，构思简洁、巧妙	20

六、任务拓展

观察山茶花，用所学知识雕刻未完全开放的山茶花，如图2-7-4所示。

图2-7-4　山茶花

竹子的雕刻

一、任务目标

通过该任务的学习，掌握利用主刀、圆形拉刻刀、弧形拉刻刀雕刻竹子、竹笋的技巧，运用削、雕、拉等基本技法，雕刻出竹子及竹笋，并能通过设计，制作运用菜肴盘饰。

二、任务要求

（1）学会运用雕刻，重点体会运用主刀、拉刻刀雕刻花瓣的技巧。

（2）运用所掌握的基本元素，进行适当的拓展、创新，设计制作出其他大型花瓣雕刻作品。

三、任务分解

1. 原料选择

青萝卜（见图2-8-1）。

2. 雕刻工具

雕刻工具从左到右依次是弧形拉刻刀、中号圆形拉刻刀、雕刻主刀，如图2-8-2所示。

图2-8-1　青萝卜

图2-8-2　雕刻工具

3. 雕刻刀法

切、拉、削等。

4. 雕刻分解

（1）用弧形拉刻刀将青萝卜拉出竹子的竹节，并用主刀削掉萝卜的薄皮，保留皮的底色，显出竹节，如图2-8-3（a）所示。

（2）用主刀把最上层的竹节分开，用圆形拉刻刀把竹节掏空，如图2-8-3（b）所示。

（3）用圆形拉刻刀把第二层竹节掏空，并用主刀把竹子修得圆润光滑，如图2-8-3（c）、（d）所示。

（4）用主刀把青萝卜的另外一段修整成圆锥形，继续按照竹笋的造型雕刻笋衣，如图2-8-3（e）所示。

（5）笋衣雕刻要求下面的笋衣大，上面笋衣小，下面笋衣要包裹住上面的笋衣，如图2-8-3（f）所示。

（6）用青萝卜皮雕刻出竹叶，如图2-8-3（g）所示。

（7）把竹子和竹笋组合在一起，完成竹子雕刻，如图2-8-3（h）所示。

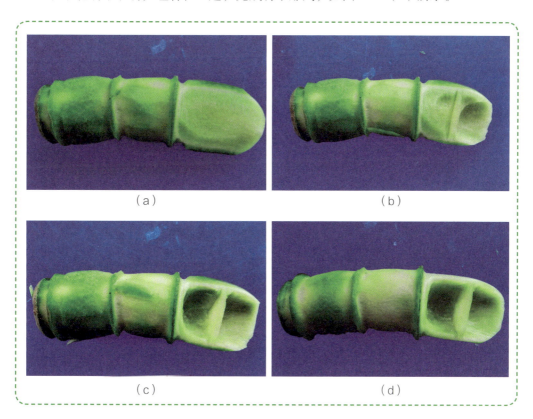

（a）

（b）

（c）

（d）

（e）

（f）

（g）

（h）

图 2-8-3　竹子雕刻分解

四、核心技能视频

竹子的雕刻

五、评分标准

竹子雕刻评分标准如表2-8-1所示。

表2-8-1　竹子雕刻评分标准

指标	标准	分值
外形	竹子竹节清晰，造型优美，竹笋笋衣层次清晰	60
刀法	主刀、拉刀灵活应用，形成的竹体圆滑	20
应用	主题鲜明，设计合理美观，有创意，构思简洁、巧妙	20

六、任务拓展

观察不同竹子的造型，用所学知识完成竹林竹趣的雕刻，如图2-8-4所示。

图2-8-4　竹林竹趣

任务九

玫瑰花的雕刻

一、任务目标

通过该任务的学习，掌握利用主刀雕刻玫瑰花的技巧，并能通过设计，制作运用菜肴盘饰。

二、任务要求

（1）学会运用雕刻，重点体会雕刻玫瑰花花瓣的技巧。

（2）运用所掌握的基本元素，进行适当的拓展、创新，设计制作出其他大型花瓣雕刻作品。

三、任务分解

1. 原料选择

心里美萝卜（见图2-9-1）。

2. 雕刻工具

雕刻工具为雕刻主刀（见图2-9-2）。

3. 雕刻刀法

切、拉、削等。

4. 雕刻分解

（1）用主刀将心里美萝卜修切成圆锥形，如图2-9-3（a）所示。

（2）用主刀沿萝卜表面由上到下修雕出花瓣，注意玫瑰花瓣上缘较宽，如图2-9-3（b）所示。

（3）用主刀雕刻其余花瓣，相邻花瓣应处在先雕刻的

图2-9-1　心里美萝卜

图2-9-2　雕刻工具

花瓣内层，呈现花瓣的卷包状，如图2-9-3（c）所示。

（4）依次雕刻其余的3～5层花瓣，如图2-9-3（d）所示。

（5）到花心处刻刀稍微立起，倾斜，完成花心的收尾雕刻，如图2-9-3（e）所示。

（a）

（b）

（c）

（d）

（e）

图2-9-3　玫瑰花雕刻分解

四、核心技能视频

玫瑰花的雕刻

五、评分标准

玫瑰花雕刻评分标准如表2-9-1所示。

表2-9-1　玫瑰花雕刻评分标准

指标	标准	分值
外形	玫瑰花层次清晰，造型优美，花朵艳丽	60
刀法	刀法运用熟练，切雕自如	20
应用	主题鲜明，设计合理美观，有创意，构思简洁、巧妙	20

六、任务拓展

观察不同玫瑰花的造型，用所学知识完成玫瑰花的雕刻，如图2-9-4所示。

图2-9-4　玫瑰花

项目三

禽类雕刻

禽鸟类雕刻与花卉类雕刻比较而言，其结构更加复杂，造型变化更多，雕刻难度更大。但是，雕刻的刀法和手法有些是一样的。所以，花卉雕刻学得好，学禽鸟雕刻就会快一些，雕刻得好一些。反之，学禽鸟雕刻就会慢一些，雕刻得差一些。这也充分说明花卉雕刻是学习食品雕刻的入门基础。

　　禽鸟的种类多，外部形态也不完全相同，不同禽鸟的辨别主要是根据外形的差异来识别的，其最大的差别是在头、颈、尾这几个部位。而其他部位的差异就很小，几乎是一样的，如翅膀、身体、羽毛结构等。正因为禽鸟类雕刻有这个特点和规律，所以在学习时一定要把鸟类的外形特征、基本结构搞懂，把基本形态的鸟类雕刻好，才能做到举一反三，甚至自行设计鸟类进行雕刻。食品雕刻中的禽鸟绝大多数是自然界真实存在的。食品雕刻是一个艺术创造的过程，不是对原物体的简单复制。正因为如此，我们在雕刻的过程中也应该运用一些艺术加工的手法，如夸张、省略、概括等。要学会抓大型、抓特征、抓比例，要懂得删繁就简。禽鸟重要的特征和特点，一定要抓住保留，并且还可以适当地夸张。但是，对于一些不重要的或是太复杂的地方就可以省略或简单化处理。有句话说得好，艺术源于生活，高于生活。

　　在学习雕刻禽鸟的时候还要遵循先简后难的规律，从简单的、小型的鸟类开始。在鸟类姿态造型、神态刻画上也应从基本的、常规的开始，只有这样，才能逐步提高雕刻的水平。

　　总的来讲，鸟的身体是左右对称的，形体呈纺锤形（或蛋形），长有一对翅膀，有一个坚硬有力的喙，喙内无牙有舌，体表有羽毛，有一对脚爪，脚上长有鳞片，一般有4个脚趾，趾端有爪。在食品雕刻中，一般把鸟类的外部形态分为嘴、头、颈、躯干、翅膀、尾部、腿爪7个部分。

任 务 一

小鸟的雕刻

一、任务目标

通过该任务的学习，掌握雕刻主刀、弧形拉刻刀、圆形拉刻刀的应用技巧，运用切、拉、削等基本技法，切雕出小鸟，并能通过设计，制作运用菜肴盘饰。

二、任务要求

（1）学会运用拉、切雕工艺，雕刻基本水产品，重点体会雕刻的刀法和手法以及手、眼、原料、刀具的相互配合。

（2）运用所掌握的基本元素，进行适当的拓展、创新，设计制作出雕刻作品。

三、任务分解

1. 原料选择

胡萝卜（见图3-1-1）。

图 3-1-1　胡萝卜

2. 雕刻工具

雕刻工具从左到右依次是雕刻主刀、圆形拉刻刀、弧形拉刻刀，如图3-1-2所示。

3. 雕刻刀法

切、拉、划等。

4. 雕刻分解

（1）将胡萝卜一边斜切一个切口，可用画线笔画出小鸟的嘴，用雕刻刀先刻出小鸟的上喙，如图3-1-3（a）所示。

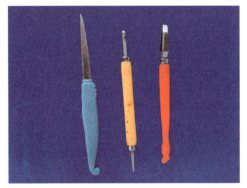

图 3-1-2　雕刻工具

（2）用雕刻主刀，雕出小鸟的下喙，雕刻时注意喙要尖且圆滑，如图3-1-3（b）所示。

（3）用拉刀或主刀拉出小鸟的翅膀，注意翅膀分两层，如图3-1-3（c）所示。

（4）用雕刻主刀倾斜刻出小鸟的尾羽，注意尾羽中间稍短，两侧较长，刀要倾斜，每隔一层去掉一层废料，清晰展现出尾羽，如图3-1-3（d）所示。

（5）用主刀雕刻出鸟身雏形，注意雕刻时从头到尾，两边高中间低，如图3-1-3（e）所示。

（6）用圆形拉刻刀刻出小鸟的眼睛，注意小鸟的脸、头之间的比例，如图3-1-3（f）所示。

（7）用主刀去掉尾羽下面的废料，并把尾羽处理平整，如图3-1-3（g）所示。

（8）用主刀雕刻出小鸟的腿及小鸟站立的树桩，如图3-1-3（h）所示。

（9）用主刀雕刻出小鸟翅膀上的羽毛及腿毛，刻出树枝的形状，完成作品，如图3-1-3（i）所示。

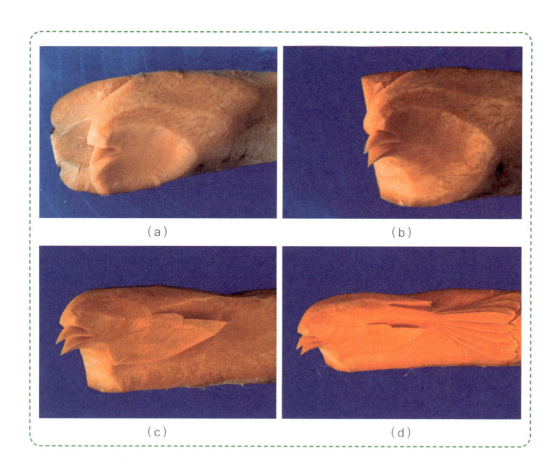

（a）

（b）

（c）

（d）

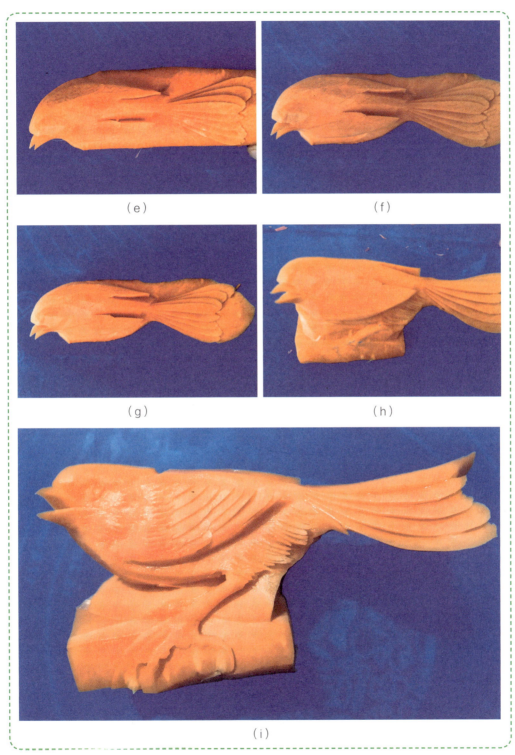

（e）

（f）

（g）

（h）

（i）

图 3-1-3　小鸟雕刻分解

小鸟的雕刻

五、评分标准

小鸟雕刻评分标准如表3-1-1所示。

表3-1-1　小鸟雕刻评分标准

指标	标准	分值
外形	小鸟生动传神，有立体感，鸟羽、鸟爪清晰	60
刀法	主刀使用灵活，方法得当，拉刻眼睛、羽毛精细均匀	20
应用	主题鲜明，设计合理美观，有创意，构思简洁、巧妙	20

六、任务拓展

利用所学知识观察各种鸟类的造型，雕刻一款昂头小鸟作品，如图3-1-4所示。

图3-1-4　画眉鸟

任 务 二

仙鹤的雕刻

一、任务目标

通过该任务的学习，掌握雕刻主刀、弧形拉刻刀、圆形拉刻刀的应用技巧，运用切、拉、削等基本技法，雕出仙鹤，并能通过设计，制作运用菜肴盘饰。

二、任务要求

（1）学会运用拉、切雕工艺，雕刻仙鹤，重点体会仙鹤雕刻中羽毛、神态、姿势的雕刻技巧。

（2）运用所掌握的基本元素，进行适当的拓展、创新，设计制作出雕刻作品。

三、任务分解

1. 原料选择

白萝卜、胡萝卜（见图3-2-1）。

2. 雕刻工具

雕刻工具从左到右依次是雕刻主刀、圆形拉刻刀、弧形拉刻刀，如图3-2-2所示。

3. 雕刻刀法

切、拉、划、批等。

4. 雕刻分解

（1）将白萝卜切成两个梯形、胡萝卜切成长方形，用胶水粘成仙鹤的雏形，并用水溶笔画出仙鹤的头、颈、身，如图3-2-3（a）所示。

图 3-2-1　白萝卜和胡萝卜

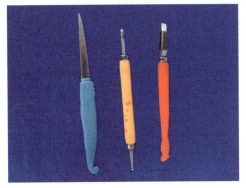

图 3-2-2　雕刻工具

（2）用主刀按照画线去掉线外废料，雕刻出仙鹤的嘴、头、颈，注意要把颈部雕刻出自然弯曲的效果，如图3-2-3（b）所示。

（3）用主刀刻出仙鹤的腹部，用弧形拉刻刀、圆形拉刻刀拉刻出腹部的羽毛，用雕刻主刀由前向后均匀刻出仙鹤的尾羽，注意尾羽不同的长短，如图3-2-3（c）所示。

（4）去掉尾羽下方的废料，用雕刻主刀修出整仙鹤的腿，并用拉刻刀刻出仙鹤的腿部羽毛，如图3-2-3（d）所示。

（5）另取一段长方形的白萝卜，画出翅膀雏形，用雕刻主刀分三层雕刻出仙鹤的翅膀，如图3-2-3（e）所示。

（6）另取一段长方形的胡萝卜，画出仙鹤腿部的造型，用雕刻主刀沿线雕刻出仙鹤的腿，注意仙鹤腿和身子的比例，仙鹤的腿比其他禽类的腿略长，如图3-2-3（f）所示。

（7）把仙鹤的翅膀和腿拼接在一起，完成飞翔仙鹤的雕刻，如图3-2-3（g）所示。

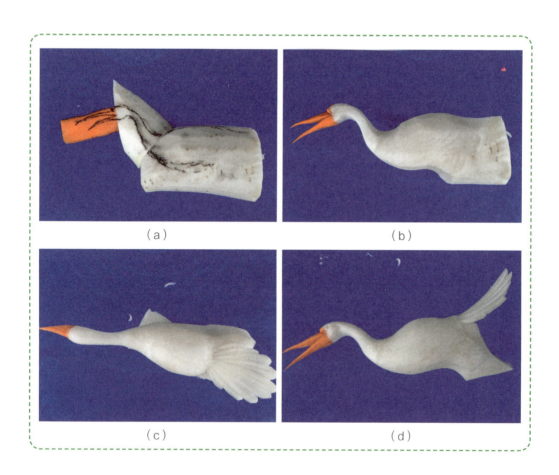

（a）　　　　　　　　　　　　（b）

（c）　　　　　　　　　　　　（d）

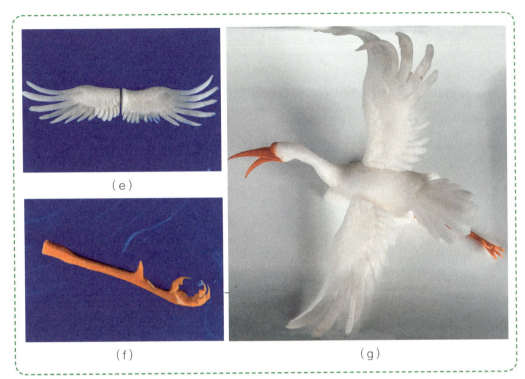

图 3-2-3　仙鹤雕刻分解

四、核心技能视频

仙鹤的雕刻

五、评分标准

仙鹤雕刻评分标准如表3-2-1所示。

表3-2-1 仙鹤雕刻评分标准

指标	标准	分值
外形	仙鹤完整，有立体感，脖颈自然弯曲，羽毛光洁	60
刀法	雕刻刀法运用灵活，不同部位能使用不同的刀雕刻	20
应用	主题鲜明，设计合理美观，有创意，构思简洁、巧妙	20

六、任务拓展

利用所学知识观察觅食仙鹤的造型，雕刻一款觅食的仙鹤作品，如图3-2-4所示。

图 3-2-4 觅食中的鹤

喜鹊的雕刻

一、任务目标

通过该任务的学习，掌握雕刻主刀、拉刻刀的应用技巧，运用切、拉、削等基本技法，雕刻出喜鹊，并能通过设计，制作运用菜肴盘饰。

二、任务要求

（1）学会运用拉、切雕工艺，雕刻出喜鹊，重点体会喜鹊眼睛、尾巴的雕刻。

（2）运用所掌握的基本元素，进行适当的拓展、创新，设计制作出雕刻作品。

三、任务分解

1. 原料选择

胡萝卜（见图3-3-1）。

2. 雕刻工具

雕刻工具从左到右依次是圆形拉刻刀、六角形拉刻刀、水溶笔、雕刻主刀，如图3-3-2所示。

3. 雕刻刀法

切、拉、划、批、削等。

4. 雕刻分解

（1）将两个胡萝卜切成长短不同的两段，用胶水粘成一个长8厘米左右的喜鹊生坯，如图3-3-3（a）所示。

（2）用水溶笔画出喜鹊的形状，如图3-3-3（b）所示。

图3-3-1　胡萝卜

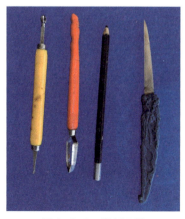

图3-3-2　雕刻工具

（3）用主刀刻出鸟头、鸟身的雏形，并注意鸟头的曲线要自然一体，如图3-3-3（c）所示。

（4）用圆形拉刻刀拉出鸟的翅膀雏形，并用雕刻主刀修整齐鸟的翅膀，用主刀雕刻出鸟的尾羽，注意尾羽要长一些，如图3-3-3（d）所示。

（5）用U形戳刀、拉刻刀刻出喜鹊的眼睛，用主刀刻出喜鹊的嘴，削掉废料，注意喜鹊的嘴要比小鸟的嘴大一些，如图3-3-3（e）所示。

（6）用拉刻刀刻出喜鹊翅膀上的羽毛，注意羽毛的层次，如图3-3-3（f）所示。

（7）用拉刻刀拉出喜鹊翅膀下的细毛，如图3-3-3（g）、（h）所示。

（8）切一节长方形胡萝卜，先画出喜鹊的腿和爪，并沿线雕刻下来，完成喜鹊腿的雕刻，如图3-3-3（i）、（j）所示。

（9）用胶水把喜鹊的腿粘上去，完成喜鹊的制作，如图3-3-3（k）所示。

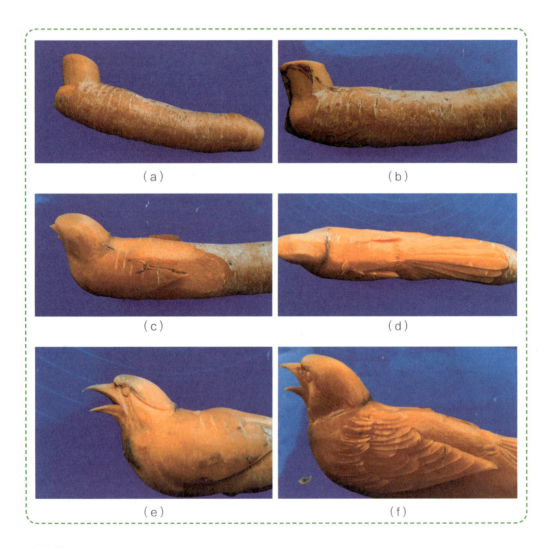

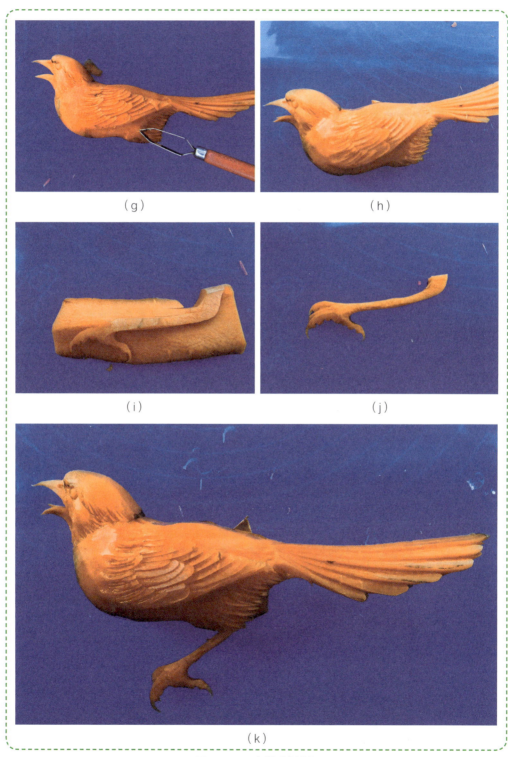

（g）

（h）

（i）

（j）

（k）

图 3-3-3　喜鹊雕刻分解

四、核心技能视频

喜鹊的雕刻

五、评分标准

喜鹊雕刻评分标准如表3-3-1所示。

表3-3-1　喜鹊雕刻评分标准

指标	标准	分值
外形	喜鹊整体匀称，能表现出喜鹊的灵性	60
刀法	不同雕刻刀组合运用流畅	20
应用	主题鲜明，设计合理美观，有创意，构思简洁、巧妙	20

六、任务拓展

利用所学知识观察工笔画中喜鹊的画法，雕刻一款喜鹊登枝的作品，如图3-3-4所示。

图3-3-4　喜鹊登枝

任务四

绶带鸟的雕刻

一、任务目标

通过该任务的学习，掌握雕刻主刀、拉刻刀等的应用技巧，运用切、拉、削等基本技法，雕刻出绶带鸟，并能通过设计，制作运用菜肴盘饰。

二、任务要求

（1）学会运用拉、切雕工艺，雕刻基本禽类产品，重点体会雕刻的刀法和手法以及手、眼、原料、刀具的相互配合。

（2）运用所掌握的基本元素，进行适当的拓展、创新，设计制作出雕刻作品。

三、任务分解

1. 原料选择

南瓜（见图3-4-1）。

2. 雕刻工具

雕刻工具从左到右依次是圆形拉刻刀、六角形拉刻刀、弧形拉刻刀、雕刻主刀，如图3-4-2所示。

图 3-4-1　南瓜

图 3-4-2　雕刻工具

3. 雕刻刀法

切、拉、划、批、削等。

4. 雕刻分解

（1）将南瓜拼接成上面小正方形、下面大长方形的造型，便于绶带鸟构图，如图3-4-3（a）所示。

（2）用水溶笔，画出绶带鸟的形状，如图3-4-3（b）所示。

（3）用雕刻主刀刻出绶带鸟的头、嘴、身体的基础形态，如图3-4-3（c）所示。

（4）用弧形拉刻刀拉刻出绶带鸟的眼睛、头纹，并勾勒出绶带鸟身体上的翅膀，如图3-4-3（d）所示。

（5）用雕刻主刀雕刻出绶带鸟的翅膀的造型，如图3-4-3（e）所示。

（6）用雕刻主刀先划半弧，再用主刀倾斜入刀，消掉废料，依次雕刻绶带鸟的羽毛，如图3-4-3（f）所示。

（7）用雕刻主刀刻出绶带鸟的尾羽，用圆形拉刻刀刻出尾羽的羽毛的骨线，如图3-4-3（g）所示。

（8）用另外的南瓜，轻轻刮掉南瓜皮，不要太深，以免水分过大，雕刻出的尾羽脱垂，用六角形拉刻刀刻出羽毛的细节，用雕刻主刀将尾羽从南瓜上平刀取出，如图3-4-3（h）所示。

（9）给绶带鸟接上两条尾羽完成绶带鸟雕刻，如图3-4-3（i）所示。

（a）　　　　　　　（b）　　　　　　　（c）　　　　　　　（d）

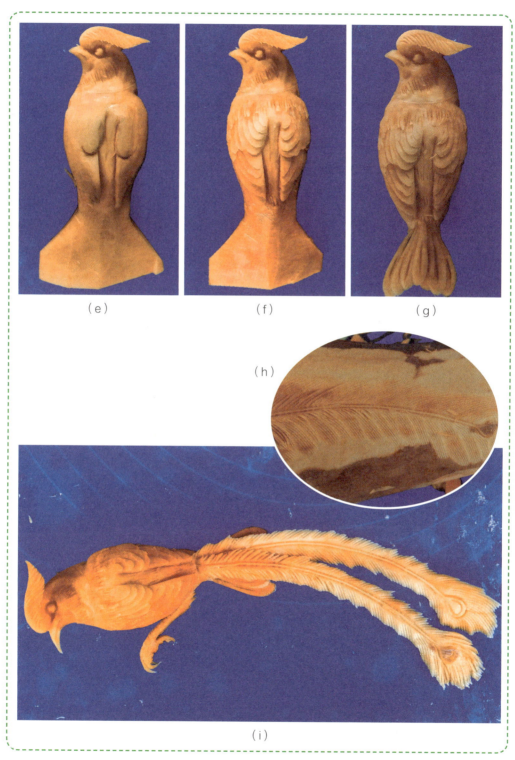

（e）　　　　　　　　（f）　　　　　　　　（g）

（h）

（i）

图 3-4-3　绶带鸟雕刻分解

绥带鸟的雕刻

五、评分标准

绥带鸟雕刻评分标准如表3-4-1所示。

表3-4-1　绥带鸟雕刻评分标准

指标	标准	分值
外形	体态美丽，头、颈和羽冠均比例适当	60
刀法	各种雕刻手法运用娴熟，鸟体完整	20
应用	主题鲜明，设计合理美观，有创意，构思简洁、巧妙	20

六、任务拓展

利用所学知识观察绥带鸟的造型，雕刻一款栖息绥带鸟的作品，如图3-4-4所示。

图3-4-4　绥带鸟

任务 五

凤凰的雕刻

一、任务目标

通过该任务的学习，掌握雕刻主刀、拉刻刀等的应用技巧，运用切、拉、削等基本技法，雕刻出凤凰，并能通过设计，制作运用菜肴盘饰。

二、任务要求

（1）学会运用拉、切雕工艺，雕刻基本禽类产品，重点体会雕刻的刀法和手法以及手、眼、原料、刀具的相互配合。

（2）运用所掌握的基本元素，进行适当的拓展、创新，设计制作出雕刻作品。

三、任务分解

1. 原料选择

胡萝卜（见图3-5-1）。

2. 雕刻工具

雕刻工具从左到右依次是圆形拉刻刀、六角形拉刻刀、弧形拉刻刀、雕刻主刀，V形戳刀。如图3-5-2所示。

图 3-5-1　胡萝卜

3. 雕刻刀法

削、拉、划、批、挑等。

4. 雕刻分解

（1）将胡萝卜切出一个平面，用水溶笔画出凤凰的头部，用胶水粘在胡萝卜的一端，如图3-5-3（a）所示。

图 3-5-2　雕刻工具

（2）用雕刻主刀，沿水溶笔划线刻出凤凰的头部，如图3-5-3（b）所示。

（3）用雕刻主刀把凤凰的头部修整整齐，用圆形拉刻刀拉出凤凰的颈部，如图3-5-3（c）所示。

（4）用雕刻主刀刻出凤凰头上的凤冠，并用主刀刻出凤凰身子的大体形态，如图3-5-3（d）所示。

（5）用弧形拉刻刀及雕刻主刀雕刻出凤凰的尾羽，如图3-5-3（e）所示。

（6）用雕刻主刀或六角形拉刻刀，雕刻出凤凰的腹部羽毛，如图3-5-3（f）所示。

（7）粘接一片胡萝卜的厚片，雕刻出凤凰和翅膀连接处的羽毛，如图3-5-3（g）所示。

（8）两片胡萝卜厚片粘在一起，雕刻出凤凰的翅膀，注意凤凰不同的羽毛层次，如图3-5-3（h）、（i）、（j）所示。

（9）粘接一片宽5厘米，长12厘米的胡萝卜片，用六角形拉刻刀刻出尾羽羽毛的中间骨骼，用V形戳刀戳出羽毛的细羽，最后用雕刻主刀剔除废料，如图3-5-3（k）所示。

（10）在胡萝卜厚片上画出凤凰的爪子，用雕刻主刀雕刻出来，如图3-5-3（l）、（m）所示。

（11）把凤凰各部分组装起来完成凤凰的制作，如图3-5-3（n）所示。

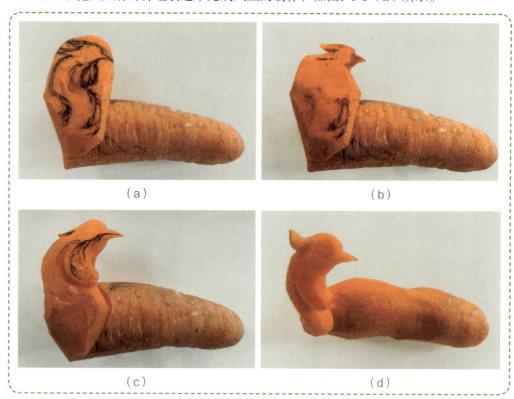

（a）　　　　　　　　　　　（b）

（c）　　　　　　　　　　　（d）

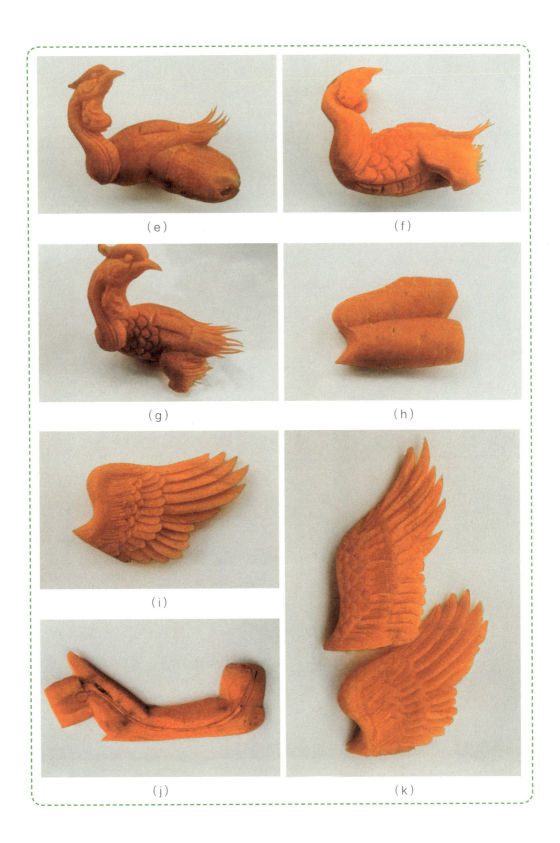

（e）

（f）

（g）

（h）

（i）

（j）

（k）

（l）　　　　　　　　　　　（m）

（n）

图 3-5-3　凤凰雕刻分解

四、核心技能视频

凤凰的雕刻

五、评分标准

凤凰雕刻评分标准如表3-5-1所示。

表3-5-1　凤凰雕刻评分标准

指标	标准	分值
外形	凤凰造型完整，包括鸡头、燕颌、蛇颈、龟背、鱼尾等部分	60
刀法	雕刻手法娴熟，凤凰羽毛层次清晰	20
应用	主题鲜明，设计合理美观，有创意，构思简洁、巧妙	20

六、任务拓展

利用所学知识观察孔雀的造型，雕刻一款孔雀作品，如图3-5-4所示。

图3-5-4　蓝孔雀

项目四

水产品雕刻

鱼虾类的动物，栖居于地球上几乎所有的水生环境——从淡水的湖泊、河流到咸水的海洋。鱼虾类的动物终年生活在水中，也有少部分可以离开水短暂地生活。鱼虾是用鳃呼吸，用鳍辅助身体平衡与运动的动物。鱼虾类的动物大都生有适于游泳和适于水底生活的流线型体形。有些鱼类（如金鱼、热带鱼等）体态多姿、色彩艳丽，还具有较高的观赏价值。鱼虾类富含优质蛋白质和矿物质等，营养丰富，滋味鲜美，易被人体消化吸收，对人类体力和智力的发展具有重大作用，是重要的烹饪食材。

在中国很多鱼类都以吉祥的内涵出现在传统文化中，比如利用"鱼"与"余"的谐音，来表达"连年有余""吉庆有余"的祥瑞之兆。年画中也有很多鱼的内容。另外，鱼也是激流勇进、聪明灵活、美好富有、人丁兴旺等美好意愿的象征。人们还用鱼和水难以分开的关系来代表恋人、夫妻之间的爱情。其中，鲤鱼和金鱼特别受到大家的喜爱。

在雕刻的过程中，要把每种鱼虾的基本特点表现出来，不同鱼虾类的区别主要是整体形态的不同，头部的变化以及鱼鳍形状上的差异。而在具体的雕刻刀法和方法上基本是一样的。鱼类在姿态造型上主要有张嘴、闭嘴，摇头摆尾、弹跳等。虾类的比较简单，就是身体的自然弯曲，但是不能把虾身雕刻成卷曲状。对于鱼虾类，有些部位的雕刻可以适当地变形和适度地夸张，如鱼尾、鱼鳍以及虾的颚足、步足等。

鱼的种类很多，在外形上差别很大，但是结构上的区别较小。鱼的身体可以分为鱼头、鱼身、鱼尾三部分。

鱼的头部主要有鱼嘴、鱼眼、鱼鳃、鼻孔，一部分鱼类在唇部还长有触须。鱼头所占身体的比例会因为鱼的种类不同而有所变化。鱼眼位于头部前方偏上的位置，不能闭合。鱼鳃是鱼的呼吸器官，鱼鼻孔很小，不易发现。鱼身部分主要有鱼鳞、鱼鳍等。鱼尾比较灵活，有的像燕尾形，有的像剪刀形等。

神仙鱼的雕刻

一、任务目标

通过该任务的学习，掌握雕刻主刀、六角形拉刻刀、圆形拉刻刀的应用技巧，运用切、拉、削等基本技法，切雕出神仙鱼，并能通过设计，制作运用菜肴盘饰。

二、任务要求

（1）学会运用拉、切雕工艺，雕刻基本水产品，重点体会雕刻的刀法和手法以及手、眼、原料、刀具的相互配合。

（2）运用所掌握的基本元素，进行适当的拓展、创新，设计制作出雕刻作品。

三、任务分解

1. 原料选择

胡萝卜（见图4-1-1）。

图 4-1-1　胡萝卜

2. 雕刻工具

雕刻工具从左到右依次是雕刻主刀、圆形拉刻刀、六角形拉刻刀，如图4-1-2所示。

3. 雕刻刀法

切、拉、划、批等。

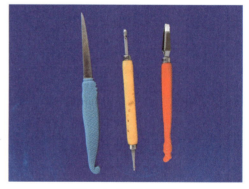

图 4-1-2　雕刻工具

4. 雕刻分解

（1）将胡萝卜切成三段，用胶水粘成一个长8厘米、宽6厘米左右的长方体，如图4-1-3（a）所示。

（2）用水溶笔，画出神仙鱼的形状，如图4-1-3（b）所示。

（3）用主刀刻出神仙鱼的雏形，如图4-1-3（c）所示。

（4）用圆形拉刻刀拉出鱼尾、鱼鳍的粗线骨架，如图4-1-3（d）所示。

（5）用六角形拉刻刀拉出鱼尾、鱼鳍的骨刺及鱼鳃、鱼眼部分，如图4-1-3（e）所示。

（6）用主刀先划半圆弧，再用主刀倾斜入刀，削掉废料，依次雕刻神仙鱼的鱼鳞，如图4-1-3（f）所示。

（7）制作一款富有创意的飘逸胸鳍，用胶水粘贴在鱼身，完成神仙鱼的制作。如图4-1-3（g）所示。

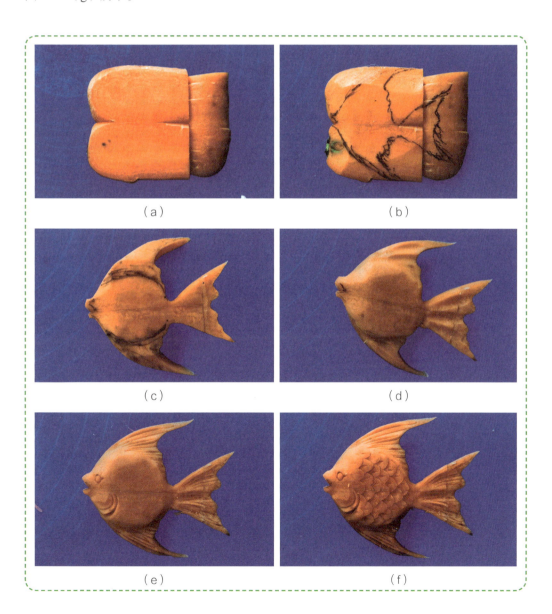

（a）　　　　　　　　　　　　　（b）

（c）　　　　　　　　　　　　　（d）

（e）　　　　　　　　　　　　　（f）

（g）

图 4-1-3　神仙鱼雕刻分解

四、核心技能视频

神仙鱼的雕刻

五、评分标准

神仙鱼雕刻评分标准如表4-1-1所示。

表4-1-1　神仙鱼雕刻评分标准

指标	标准	分值
外形	鱼体完整，有立体感，鱼嘴生动，鱼鳍无破损	60
刀法	拉刻手法均匀，整体鱼形平整光滑	20
应用	主题鲜明，设计合理美观，有创意，构思简洁、巧妙	20

六、任务拓展

利用所学知识观察热带鱼的造型，雕刻一款热带鱼作品，如图4-1-4所示。

图4-1-4　热带鱼

鲤鱼的雕刻

一、任务目标

通过该任务的学习，掌握雕刻主刀、拉线刀、圆形拉刻刀的应用技巧，运用切、拉、削等基本技法，切雕出神仙鱼，并能通过设计，制作运用菜肴盘饰。

二、任务要求

（1）学会运用拉、切雕工艺，雕刻基本水产品，重点体会雕刻的刀法和手法以及手、眼、原料、刀具的相互配合。

（2）运用所掌握的基本元素，进行适当的拓展、创新，设计制作出雕刻作品。

三、任务分解

1. 原料选择

胡萝卜（见图4-2-1）。

2. 雕刻工具

雕刻工具从左到右依次是U形戳刀、六角形拉刻刀、圆形拉刻刀、雕刻主刀，如图4-2-2所示。

图4-2-1 胡萝卜

图4-2-2 雕刻工具

3. 雕刻刀法

切、拉、划、批等。

4. 雕刻分解

（1）将胡萝卜切成两段，另外一段再分开，并粘接起来组成雕刻鱼尾巴的平面，如图4-2-3（a）所示。

（2）用水线笔画出鲤鱼的形状，如图4-2-3（b）所示。

（3）用主刀沿划线雕刻出鲤鱼的大致形状，如图4-2-3（c）所示。

（4）用主刀修整粗坯，打磨鱼体，同时注意突出鲤鱼的肚子要大一些，并用主刀雕刻出鱼嘴，用圆形拉刻刀掏出鱼嘴的废料，如图4-2-3（d）所示。

（5）用主刀或六角形拉刻刀雕刻出鱼鳞，注意鱼鳞的层次分明，用拉刻刀拉刻出鱼鳃，注意鱼鳃和鱼身的衔接，如图4-2-3（e）所示。

（6）接上鱼尾，并用主刀雕刻出鱼尾的雏形，如图4-2-3（f）、（g）所示。

（7）用主刀修整鱼尾，用六角形拉刻刀拉刻出鱼骨线，完成鱼尾的制作，如图4-2-3（h）所示。

（8）用另外的胡萝卜拼接在鱼脊上，削薄胡萝卜厚片，在背鳍上刻出鱼骨线，并修整鱼尾，如图4-2-3（i）、（j）所示。

（9）取胡萝卜边角料，雕刻出鲤鱼的胸鳍，并粘接在一起，如图4-2-3（k）所示。

（10）给鲤鱼粘接上胡须完成鲤鱼的雕刻，如图4-2-3（l）所示。

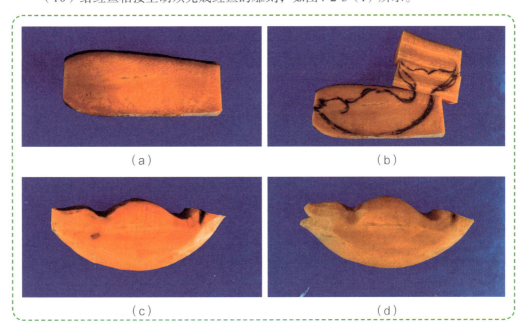

（a）

（b）

（c）

（d）

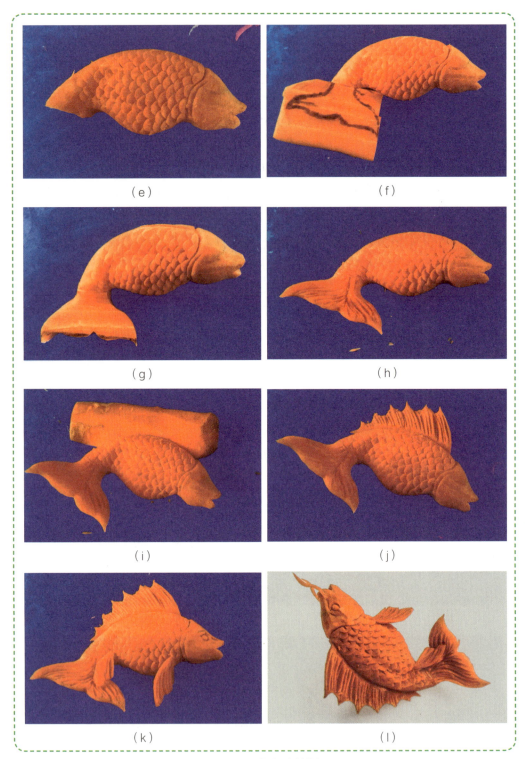

(e)

(f)

(g)

(h)

(i)

(j)

(k)

(l)

图 4-2-3　鲤鱼雕刻分解

鲤鱼的雕刻

五、评分标准

鲤鱼雕刻评分标准如表4-2-1所示。

表4-2-1　鲤鱼雕刻评分标准

指标	标准	分值
外形	鱼体完整，鲤鱼整体外形呈三角形，头所占身体比例比较小。背鳍的根部长，没有腹鳍	60
刀法	拉刻手法均匀，整体鱼形平整光滑	20
应用	主题鲜明，设计合理美观，有创意，构思简洁、巧妙	20

六、任务拓展

利用所学知识观察鲤鱼其他的造型，雕刻一款鲤鱼作品，如图4-2-4所示。

图 4-2-4　鲤鱼

金鱼的雕刻

一、任务目标

通过该任务的学习，掌握雕刻主刀、六角形拉刻刀、圆形拉刻刀的应用技巧，运用切、拉、削等基本技法，雕刻出金鱼，并能通过设计，制作运用菜肴盘饰。

二、任务要求

（1）学会运用拉、削雕工艺，雕刻基本水产品，重点体会雕刻的刀法和手法以及手、眼、原料、刀具的相互配合。

（2）运用所掌握的基本元素，进行适当的拓展、创新，设计制作出雕刻作品。

三、任务分解

1. 原料选择

胡萝卜（见图4-3-1）。

2. 雕刻工具

雕刻工具从左到右依次是圆形拉刻刀、六角形拉线刀、U形戳刀、雕刻主刀，如图4-3-2所示。

图4-3-1 胡萝卜

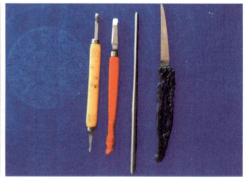

图4-3-2 雕刻工具

3. 雕刻刀法

切、拉、划、批、削等。

4. 雕刻分解

（1）将切好的胡萝卜拼接成金鱼形状，如图4-3-3（a）所示。

（2）用雕刻主刀刻出金鱼的雏形，如图4-3-3（b）所示。

（3）用六角拉刻刀雕刻出鱼鳃，用主刀雕刻出金鱼的嘴和眼睛，用圆形拉刻刀雕刻出头上的包块，如图4-3-3（c）所示。

（4）用主刀或六角形拉刻刀雕刻出鱼鳞，注意鱼鳞的层次分明，用六角形拉刻刀拉刻出鱼鳃，如图4-3-3（d）所示。

（5）用六角形拉刻刀拉出鱼尾、鱼鳍的骨刺及鱼鳃和鱼眼部分，如图4-3-3（e）所示。

（6）用圆形拉刻刀拉刻出鱼尾的纹路，如图4-3-3（f）所示。

（7）用六角拉刻刀拉刻出鱼尾的骨刺，完成鱼鳍的雕刻并黏结在鱼身上完成金鱼的雕刻，如图4-3-3（g）所示。

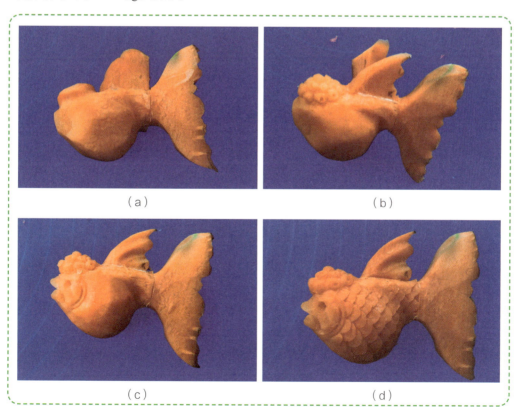

（a）

（b）

（c）

（d）

（e）　　　　　　　　　　（f）

（g）

图 4-3-3　金鱼雕刻分解

四、核心技能视频

金鱼的雕刻

五、评分标准

金鱼雕刻评分标准如表4-3-1所示。

表4-3-1　金鱼雕刻评分标准

指标	标准	分值
外形	金鱼身体小，尾巴大，眼睛突出，鱼体完整	60
刀法	拉刻手法熟练，刀痕少，废料去除干净	20
应用	主题鲜明，设计合理美观，有创意，构思简洁、巧妙	20

六、任务拓展

利用所学知识观察金龙鱼的造型，雕刻一款金龙鱼作品，如图4-3-4所示。

图4-3-4　金龙鱼

任务 四

虾的雕刻

一、任务目标

通过该任务的学习，掌握雕刻主刀、六角形拉刻刀、圆形拉刻刀的应用技巧，运用切、拉、削等基本技法，雕刻出虾，并能通过设计，制作运用菜肴盘饰。

二、任务要求

（1）学会运用拉、切雕工艺，雕刻出虾蟹等，重点体会雕刻的刀法和手法以及手、眼、原料、刀具的相互配合。

（2）运用所掌握的基本元素，进行适当的拓展、创新，设计制作出雕刻作品。

三、任务分解

1. 原料选择

胡萝卜（见图4-4-1）。

2. 雕刻工具

雕刻工具从左到右依次是圆形拉刻刀、六角形拉刻刀、U形戳刀、雕刻主刀，如图4-4-2所示。

图4-4-1　胡萝卜

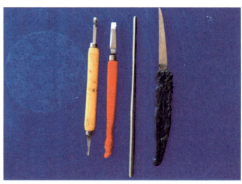

图4-4-2　雕刻工具

3. 雕刻刀法

切、拉、划、批、削等。

4. 雕刻分解

（1）将胡萝卜切成三等份，用水溶笔画出虾的轮廓，如图4-4-3（a）、（b）所示。

（2）用主刀刻出虾的基本形态，如图4-4-3（c）所示。

（3）用六角形拉刻刀拉出虾身、虾头和虾壳，并打磨整个虾身，使其光滑，如图4-4-3（d）所示。

（4）用主刀雕刻出虾尾，并用主刀雕刻虾身外的虾壳，体现虾壳的层次，如图4-4-3（e）所示。

（5）用雕刻主刀，小心雕刻出虾的足，注意足小，容易折断，如图4-4-3（f）所示。

（6）取一片胡萝卜厚片，用主刀雕刻出虾的前足，注意虾足的前后比例，如图4-4-3（g）所示。

（7）制作一款夸张的虾眼，用胶水粘在虾头上，完成虾的制作，如图4-4-3（h）所示。

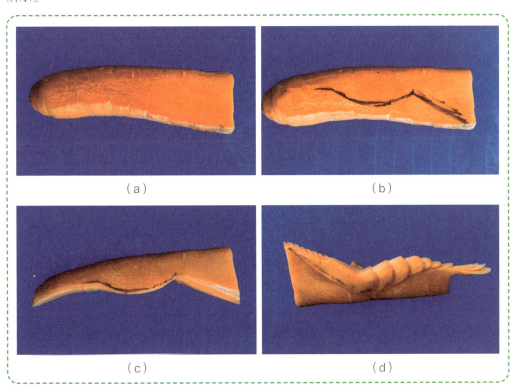

（a）　　　　　　　　　　　　　　（b）

（c）　　　　　　　　　　　　　　（d）

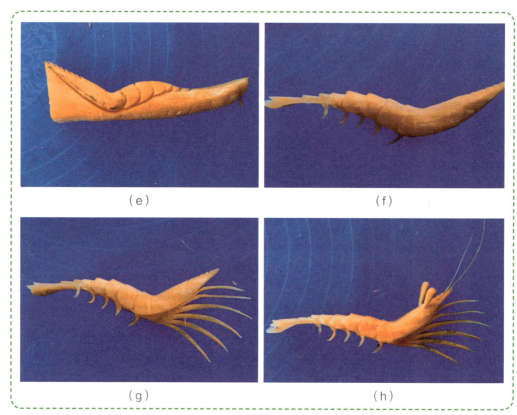

（e）　　　　　　　　　　（f）

（g）　　　　　　　　　　（h）

图 4-4-3　虾雕刻分解

虾的雕刻

五、评分标准

虾雕刻评分标准如表4-4-1所示。

表4-4-1　虾雕刻评分标准

指标	标准	分值
外形	虾体完整，虾枪、虾续、虾腿生动、无折断	60
刀法	雕刻、拉刻手法娴熟，虾身光滑，无毛刺	20
应用	主题鲜明，设计合理美观，有创意，构思简洁、巧妙	20

六、任务拓展

利用所学知识观察小龙虾的造型，雕刻一款小龙虾作品，如图4-4-4所示。

图4-4-4　小龙虾

项目五

畜类雕刻

畜兽的种类很多，但是与人类关系密切的主要有两大类。一类是人类为了经济或其他目的而驯化和饲养的兽类，如猪、牛、鹿、羊、马、骆驼、兔、猫、狗等；一类是猛兽和传说中的吉祥神兽，如老虎、狮子、麒麟、龙等。人类饲养家畜起源于一万多年前，这是人类走向文明的重要标志之一，家畜为人类提供了较稳定的食物来源，为人类的发展进步做出了重大贡献。"畜"最初是兽类，现在的主要家畜都被认为是由史前的野生动物驯养而来的。狗是最古老的驯养动物，从旧石器时代起就已经有了。中国人古代所称的"六畜"是指马、牛、羊、鸡、狗、猪，即中国古代最常见的6种家畜。但是，鸡在现在一般不再称为家畜。畜兽和人类的关系密切，有些和人类还有很深的感情，在我国的传统文化中还被赋予很多美好而吉祥的含义。因此，一些畜兽类题材的艺术作品往往能得到人们的喜爱。

　　畜兽类的雕刻在食品雕刻中难度是很大的。畜兽类雕刻主要的题材有马、牛、羊、兔、鹿以及老虎、狮子、麒麟、龙等。畜兽类的动物种类很多，身体结构上主要分为头部、颈部、躯干和四肢四部分。在体形和结构上主要有以下共同特征：所有动物的脊椎都是弯曲的，不是直线的；当动物的头处于正常位置时，脊椎会从头部向下弯曲直到尾部；所有动物的胸腔部位都占据身体一半以上的体积；所有动物的前腿都要比后腿短，前腿的腿形接近直线形，和后腿相比，前腿就像支撑身体的柱子；不同种类动物之间形态区别很大，其中头部的区别最大，而躯干等部位的结构特征却比较相似，几乎所有动物的身长都是身宽的两倍。

任务 一

麒麟的雕刻

一、任务目标

通过该任务的学习，掌握雕刻主刀、弧形拉刻刀、圆形拉刻刀、六角形拉刻刀的应用技巧，运用切、拉、削等基本技法，雕刻拼接出麒麟，并能通过设计，制作运用菜肴盘饰。

二、任务要求

（1）学会运用拉、切雕工艺，雕刻出动物，重点体会雕刻的刀法和手法以及手、眼、原料、刀具的相互配合。

（2）运用所掌握的基本元素，进行适当的拓展、创新，设计制作出雕刻作品。

三、任务分解

1. 原料选择

胡萝卜（见图5-1-1）。

图5-1-1　胡萝卜

2. 雕刻工具

雕刻工具从左到右依次是弧形拉刻刀、圆形拉刀、六角拉刻刀、雕刻主刀，如图5-1-2所示。

3. 雕刻刀法

切、拉、划、批等。

4. 雕刻分解

（1）将胡萝卜切成两段，用胶水粘成

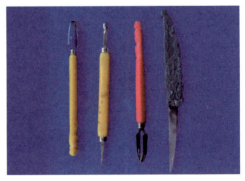

图5-1-2　雕刻工具

一个直角形状，如图5-1-3（a）所示。

（2）用六角形拉刻刀拉出麒麟的胸部，突显饱满丰盈的体态，如图5-1-3（b）所示。

（3）用主刀刻出麒麟修圆的身体，并修雕圆润刻出脖子的基线。如图5-1-3（c）所示。

（4）用弧形拉刻刀拉出麒麟的腹部，用圆形拉刻刀拉出腹部的肌肉线条，凸显麒麟的强壮，如图5-1-3（d）所示。

（5）用水溶笔画出麒麟的四条腿，注意每条腿应符合麒麟的运动姿态，如图5-1-3（e）所示。

（6）按照运动中的麒麟姿态，把麒麟的四条腿拼接上，如图5-1-3（f）所示。

（7）用六角形拉刻刀或雕刻主刀雕刻出麒麟的鳞片，注意用雕刻主刀雕刻鳞片时掏空一部分鳞片，显出鳞片的层次感，如图5-1-3（g）所示。

（8）完成鳞片的雕刻，并用主刀把麒麟的蹄及关节修整好，如图5-1-3（h）、（i）所示。

（9）切一节胡萝卜先画出龙头的形状，用雕刻刀刻出半边龙头的形状，如图5-1-3（j）所示。

（10）用胡萝卜的边角料雕刻出麒麟的头上的角，麒麟嘴角的须，如图5-1-3（k）所示。

（11）把麒麟头拼接在麒麟身上，完成麒麟的雕刻，注意接口用砂纸打磨光滑，尽量掩盖接缝，如图5-1-3（1）所示。

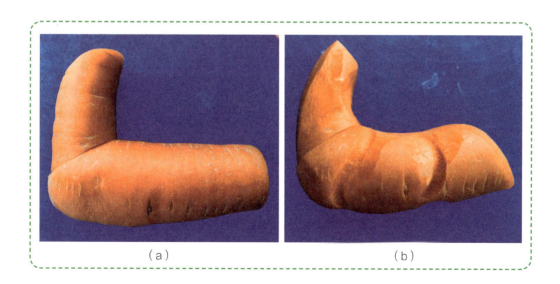

（a）　　　　　　　　　　　　　　　（b）

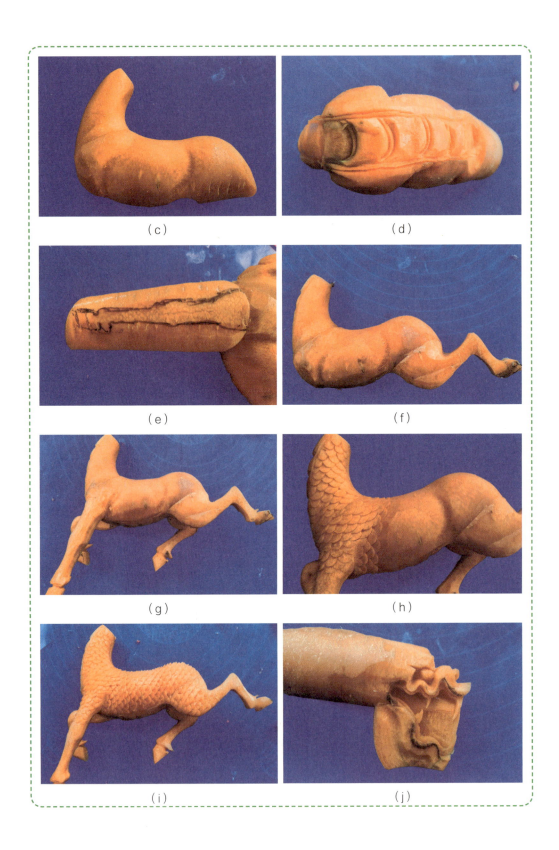

（k）

（l）

图 5-1-3 麒麟雕刻分解

四、核心技能视频

麒麟的雕刻

五、评分标准

麒麟雕刻评分标准如表5-1-1所示。

表5-1-1　麒麟雕刻评分标准

指标	标准	分值
外形	麒麟形象是龙头、马身、龙鳞，尾毛似龙尾状舒展	60
刀法	雕刻手法熟练，麒麟身体拼接无痕	20
应用	主题鲜明，设计合理美观，有创意，构思简洁、巧妙	20

六、任务拓展

利用所学知识观察昂头麒麟的造型，雕刻一款昂头麒麟作品，如图5-1-4所示。

图5-1-4　麒麟

任 务 二

马的雕刻

一、任务目标

通过该任务的学习，掌握雕刻主刀、弧形拉刻刀、圆形拉刻刀、六角形拉刻刀的应用技巧，运用切、拉、削等基本技法，雕刻出骏马，并能通过设计，制作运用菜肴盘饰。

二、任务要求

（1）学会运用拉、切雕工艺，雕刻出骏马，重点体会雕刻的刀法和手法以及手、眼、原料、刀具的相互配合。

（2）运用所掌握的基本元素，进行适当的拓展、创新，设计制作出雕刻作品。

三、任务分解

1. 原料选择

胡萝卜（见图5-2-1）。

2. 雕刻工具

雕刻工具从左到右依次是雕刻主刀、弧形拉刻刀、圆形拉刻刀、六角形拉刻刀，如图5-2-2所示。

图5-2-1 胡萝卜

3. 雕刻刀法

切、拉、划、批等。

4. 雕刻分解

（1）将胡萝卜切成两段，用胶水拼成马头和马身，如图5-2-3（a）所示。

图5-2-2 雕刻工具

（2）用弧形拉刻刀拉出马的胸部，突显骏马的健硕，如图5-2-3（b）所示。

（3）用主刀刻出马的腿部，刻出马腿的肌肉，如图5-2-3（c）所示。

（4）按照奔跑中马腿的运动姿势，把马的四条腿拼接上，用主刀雕刻出马蹄奋起的姿态，注意马蹄的造型，力求真实，如图5-2-3（d）所示。

（5）取一节胡萝卜，削成楔形，雕刻马头，如图5-2-3（e）所示。

（6）用主刀、弧形拉刻刀依次雕刻出马的鼻子、嘴巴，注意马的鼻子外扩呈现立体感，如图5-2-3（f）所示。

（7）用圆形拉刻刀拉刻出马的脸部，用六角拉刻刀拉出马鼻子到马嘴的肌肉，用雕刻主刀雕刻出马的眼睛并修整圆润，如图5-2-3（g）所示。

（8）把马头拼接上，并打磨圆润，如图5-2-3（h）所示。

（9）切一胡萝卜厚片，用雕刻主刀刻出马背上的鬃毛和尾巴，注意马飞驰后鬃毛向后飘逸，如图5-2-3（i）所示。

（10）把马的鬃毛和尾巴用胶水拼接上完成马雕刻，如图5-2-3（j）所示。

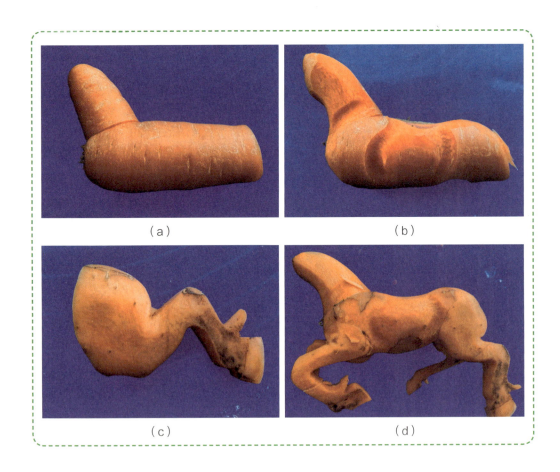

（a）　　　　　　　　　　　（b）

（c）　　　　　　　　　　　（d）

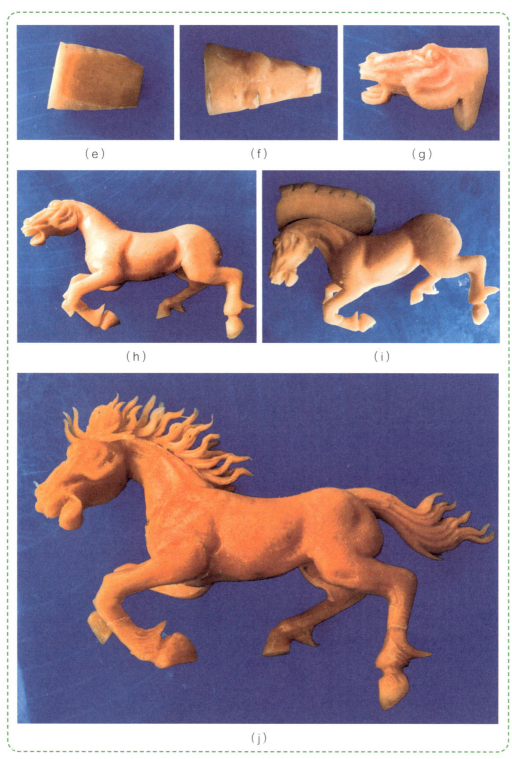

（e） （f） （g）

（h） （i）

（j）

图 5-2-3　马雕刻分解

四、核心技能视频

马的雕刻

五、评分标准

马雕刻评分标准如图5-2-1所示。

表5-2-1　马雕刻评分标准

指标	标准	分值
外形	马矫健俊美，别具风姿，躯干壮实而四肢修长，腿蹄轻捷	60
刀法	雕刻手法熟练，马整体圆润光滑	20
应用	主题鲜明，设计合理美观，有创意，构思简洁、巧妙	20

六、任务拓展

利用所学知识观察腾空骏马的造型，雕刻一款腾空骏马作品，如图5-2-4所示。

图5-2-4　骏马

牛的雕刻

一、任务目标

通过该任务的学习，掌握雕刻主刀、弧形拉刻刀、圆形雕刻刀、六角形拉刻刀的应用技巧，运用切、拉、削等基本技法，雕刻出牛，并能通过设计，制作运用菜肴盘饰。

二、任务要求

（1）学会运用拉、切雕工艺，雕刻常见动物，重点体会雕刻的刀法和手法以及手、眼、原料、刀具的相互配合。

（2）运用所掌握的基本元素，进行适当的拓展、创新，设计制作出雕刻作品。

三、任务分解

1. 原料选择

胡萝卜（见图5-3-1）。

2. 雕刻工具

雕刻工具从左到右依次是六角形拉刻刀、弧形拉刻刀、圆形拉刻刀、雕刻主刀，如图5-3-2所示。

3. 雕刻刀法

切、拉、划、批、削等。

4. 雕刻分解

（1）将胡萝卜切成12厘米的段，用雕刻主刀修整出一个平面，如图5-3-3（a）所示。

图5-3-1 胡萝卜

图5-3-2 雕刻工具

（2）用水溶笔画出牛头及牛身的雏形，并用主刀沿线刻出牛的大致形体，如图5-3-3（b）所示。

（3）用水溶性划线笔画出牛的腹部，用弧形拉刻刀拉刻出牛的腹部，如图5-3-3（c）所示。

（4）在胡萝卜厚片上画出牛腿的形状，注意牛腿和牛身的比例，用主刀雕刻出牛腿的四条牛腿，并粘接在牛的身上，如图5-3-3（d）、（e）所示。

（5）用砂纸打磨牛的整个身体，如图5-3-3（f）所示。

（6）用主刀雕刻出牛的脖子，用六角形拉刻刀拉出牛脖子上的褶皱，再用主刀雕刻出牛的眼睛和鼻孔，注意牛鼻子上翘等特点，如图5-3-3（g）所示。

（7）用剩余的边角料拼接成一个多边形平面，画出牛角和牛尾巴，用主刀雕刻下来，先削成菱形，在修整成圆形，粘接在牛身上，完成牛的制作，如图5-3-3（h）、（i）所示。

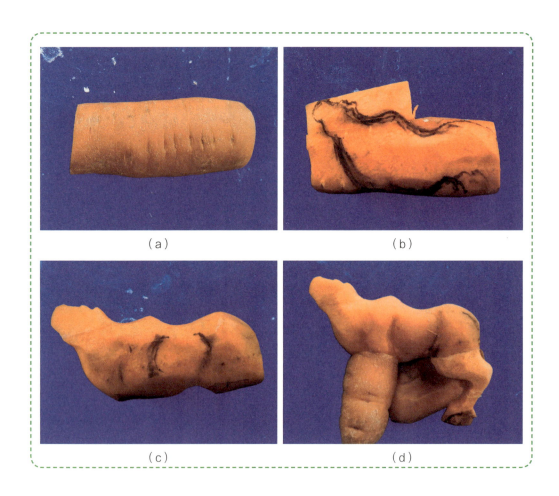

（a）　　　　　　　　　　（b）

（c）　　　　　　　　　　（d）

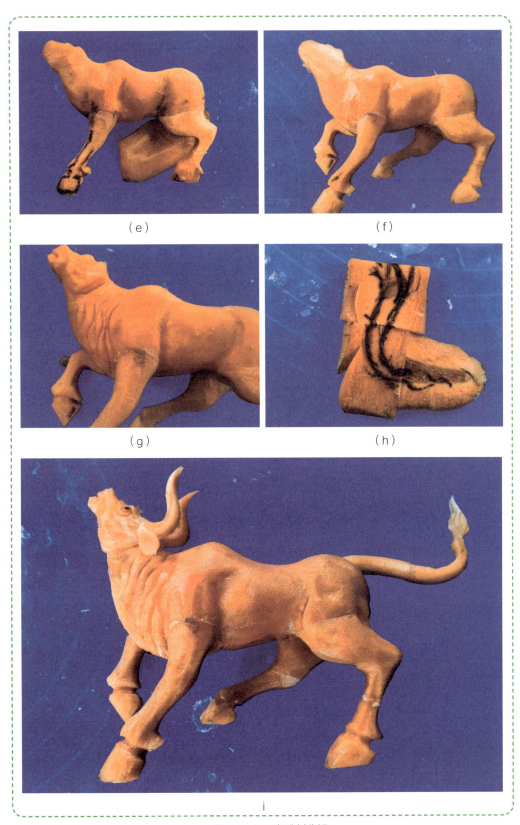

（e）　　　　　　　　　　　　　（f）

（g）　　　　　　　　　　　　　（h）

i

图 5-3-3　牛雕刻分解

四、核心技能视频

牛的雕刻

五、评分标准

牛雕刻评分标准如表5-3-1所示。

表5-3-1　牛雕刻评分标准

指标	标准	分值
外形	牛体完整、生动，能有一定的寓意	60
刀法	雕刻手法灵活应用，雕刻过程流畅	20
应用	主题鲜明，设计合理美观，有创意，构思简洁、巧妙	20

六、任务拓展

利用所学知识观察生活中牛的造型，雕刻一款牛拉车的作品。如图5-3-4所示。

图 5-3-4　拉车的牛

龙的雕刻

一、任务目标

通过该任务的学习，掌握雕刻主刀、六角形拉刻刀、圆形拉刻刀、弧形拉刻刀的应用技巧，运用切、拉、削等基本技法，切雕出中国龙，并能通过设计，制作运用菜肴盘饰。

二、任务要求

（1）学会运用拉、切雕工艺，雕刻出中国龙，重点体会雕刻的刀法和手法以及手、眼、原料、刀具的相互配合。

（2）运用所掌握的基本元素，进行适当的拓展、创新，设计制作出雕刻作品。

三、任务分解

1. 原料选择

胡萝卜（见图5-4-1）。

2. 雕刻工具

雕刻工具从左到右依次是小号六角拉刻刀、中号六角拉刻刀、圆形拉刻刀、弧形拉刻刀、雕刻主刀，如图5-4-2所示。

3. 雕刻刀法

切、拉、划、雕等。

4. 雕刻分解

（1）在雕刻前准确勾勒出龙的形态，用胶水粘成一个长8厘米、宽6厘米左右的长方体，如图5-4-3（a）所示。

图5-4-1　胡萝卜

图5-4-2　雕刻工具

（2）用水溶笔画出龙的形状，用雕刻主刀雕刻出龙的雏形，注意掏空龙身周围的废料，如图5-4-3（b）所示。

（3）用相同的雕刻手法，雕刻出龙的两个弯曲造型，如图5-4-3（c）所示。

（4）用圆形拉刻刀拉出龙尾、龙鳍的粗线骨架，如图5-4-3（d）所示。

（5）取另外一节胡萝卜，先去掉表皮，再由方形雕刻出圆形的龙尾，并粘接在龙身上，注意龙身粗细衔接自然，如图5-4-3（e）所示。

（6）用主刀把龙身、龙尾修雕圆润，展现出龙腾的效果，消掉废料，如图5-4-3（f）、（g）所示。

（7）用圆形拉刻刀拉刻出龙的腹肌，用中号六角拉刻刀拉刻出龙身的基线，如图5-4-3（h）所示。

（8）用雕刻主刀按照鱼鳞的雕刻方法雕刻出龙鳞，注意龙鳞鳞片比例稍大，如图5-4-3（i）所示。

（9）用水溶笔画出龙头的大致形状，用雕刻主刀雕刻出粗线条，用小号六角拉刻刀雕刻刀雕刻出龙的眼睛，用主刀雕刻龙的牙齿，注意龙的獠牙的雕刻，要展现龙的威猛，如图5-4-3（j）所示。

（10）用胡萝卜废料雕刻出龙角并粘接在龙头上，如图5-4-3（k）所示。

（11）用水溶笔画出龙爪，注意龙爪的数量，如图5-4-3（l）所示。

（12）用雕刻主刀雕刻出龙爪，龙爪要体现出层次和犀利，如图5-4-3（m）所示。

（13）龙爪上粘接相应的龙须，制作出4个龙爪，如图5-4-3（n）所示。

（14）取胡萝卜厚片画出龙脊的线条，用雕刻主刀雕刻出龙脊，如图5-4-3（o）（p）所示。

（15）完成龙的各小型部件的雕刻，如图5-4-3（q）所示。

（16）把龙的各小件组装起来，形成完整的龙的造型，如图5-4-3（r）所示。

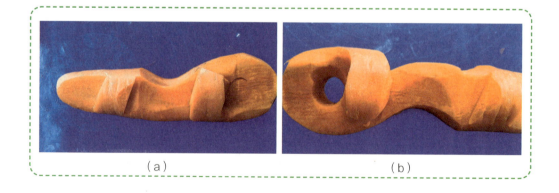

（a）　　　　　　　　　　　（b）

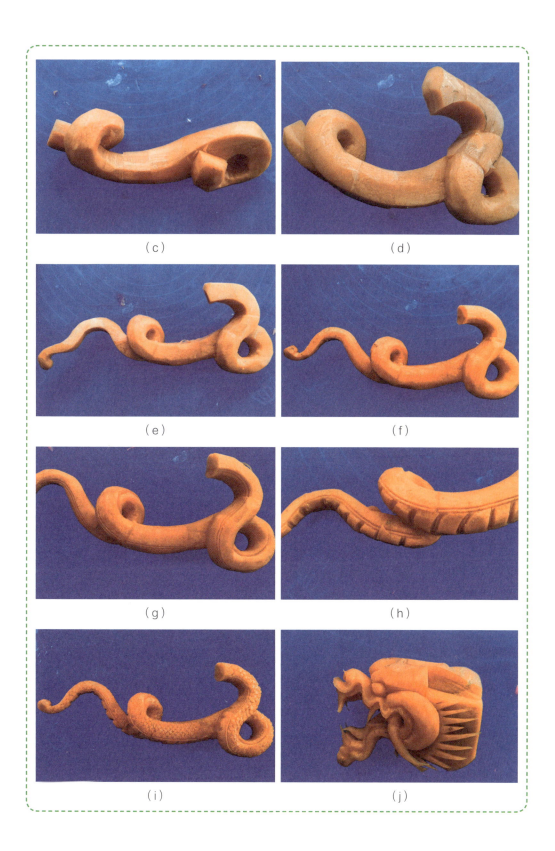

(c)

(d)

(e)

(f)

(g)

(h)

(i)

(j)

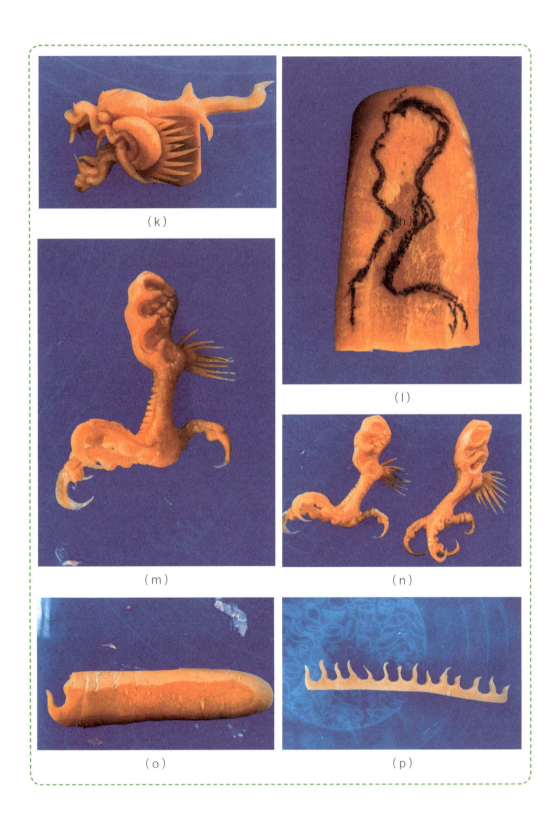

（k）

（l）

（m）

（n）

（o）

（p）

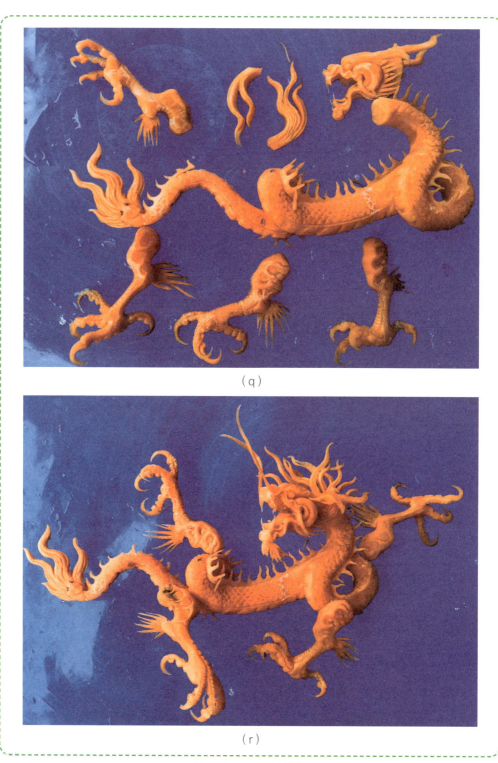

（q）

（r）

图 5-4-3　龙雕刻分解

龙的雕刻

五、评分标准

龙雕刻评分标准如表5-4-1所示。

表5-4-1　龙雕刻评分标准

指标	标准	分值
外形	龙身完整，有龙爪、龙鳞，线条清晰	60
刀法	雕刻手法熟练，熟练使用不同雕刻刀具	20
应用	主题鲜明，设计合理美观，有创意，构思简洁、巧妙	20

六、任务拓展

利用所学知识观察五爪龙、四爪龙等的造型，雕刻一款五爪金龙作品，如图5-4-4所示。

图5-4-4　五爪金龙

人物类雕刻

人物类的雕刻在食品雕刻中是难度相对比较大的，学习起来比较困难，但是，人物又是我们平时接触最多、最熟悉的，对于各类人物的高矮、胖瘦、美丑也能比较容易地鉴别出来。因此，在学习人物类雕刻时我们可以把自己或是朋友作为模特来观察学习。再结合中国绘画实践中总结的一些规律，把这些知识用在人物的雕刻学习中，就会取得比较好的效果。人物类雕刻要做到五官准确、表情传神、身体比例恰当。

　　在食品雕刻中，雕刻的人物对象主要是神话传说中的各类人物以及古代美女和英雄人物等，如寿星、罗汉、仙女、关公、老人、幼童等。

　　在中国悠久的绘画历史进程中，历代画家总结出了许多画人物的规律，而这些规律在食品雕刻中同样可以借鉴，并加以运用，这对我们学好人物类的食品雕刻有非常大的帮助，是必须掌握的基础知识。

　　正常人头部的五官比例关系可以用"三停五眼"来概括。而对于人的身高比例则可以用头的长度来衡量。"三停"就是自发际线开始到眉毛、自眉毛到鼻尖、自鼻尖到下巴这3部分的距离是相等的。"五眼"指的是从正面看，左耳边缘到右耳边缘的距离正好是5个眼睛的长度。两只眼睛的位置在整个头部高度1/2横线上，两眼之间的距离正好是一个眼睛的间隔。但是，小孩子和罗汉神怪要除外。比如，小孩子的眼睛位置就在头高1/2横线的下边，他们的五官距离比较短。

　　"头分三停，肩担两头；一手能捂半张脸，立七坐五盘三半。"这句话意思是说，一个成年男人的两肩宽度正好是其头部宽度的两倍（女人的肩膀宽度要稍窄一些）。一个人手的大小与其半张脸的大小相仿。成年人站立的身体高度大约为7个头的长度，坐立时的身高约为5个头的长度，而盘腿坐时的身高约为3个半头长。但是，这个比例使人显得比较矮小，因此在雕刻绘画中已经很少采用，一般都是按照8个头长的比例来雕刻绘画。特别是女性的身高，这样的比例可以使女性看起来更加苗条和漂亮。

人物的头部是人物类雕刻的关键，一个人最后是美丑还是胖瘦，包括气质风度、喜怒哀乐等都主要是通过人物头部来体现的。人物头部主要包括眼、耳、鼻、嘴、眉毛、头发、胡须以及发型、装饰物品等，其中，五官的位置在头部要有一个比较准确的比例关系。人的头部是左右对称的，这点在雕刻的过程中一定要特别注意。其中，人物的眼睛是一个球形，嵌在左右两个眼窝内。从侧面看，眼睛在鼻子高度的1/3处，外边罩着上下眼皮。一般来讲，人的上眼皮比下眼皮宽得多，并且要比下眼皮高一点。上下眼皮相交的地方就是眼角，分内外两个。两个眼角高低变化因人而异，但是左右必须是对称的，否则只是一点误差都会让人感觉不美观。眉毛的长短、粗细、浓淡变化主要根据人物的不同身份来确定。男女不同、老少不同、武将和文官不同。但是，眉毛靠近鼻梁的一段一般都是向下，而眉梢则稍向上。嘴主要是包括人中、上下嘴唇、嘴角和牙齿等。口裂线位于鼻尖到下巴的1/3处。一般上嘴唇比下嘴唇高且宽，棱角分明，嘴角的大小，牙齿是否外露跟人物的表情有关。

鼻子在五官的中央，主要由鼻梁、鼻翼和鼻尖组成。其中鼻尖是人物面部最高的地方。耳朵和下颚是处在同一直线上，无论怎样都不会变化。耳朵的位置与鼻子位置平齐且长度相当，耳孔在头部的中心点上，耳朵在耳孔后边一点。人物的发型、装饰物品以及胡须等因人而异，差别较大。

在人物类的雕刻中，除了人体头部暴露在外边以外，手就应该是暴露在外最多的了。因此，雕刻好手对于雕刻好人物就显得非常重要。伸开手掌，可以看到其中指占整个手长的一半，拇指指端接近食指的中节，小手指端与无名指的第一关节相齐。从手背看去，中指的长度要超过手长度的一半。

任务一 寿星的雕刻

一、任务目标

通过该任务的学习，掌握雕刻主刀、拉刻刀、戳刀的应用技巧，运用切、拉、削等基本技法，雕刻出寿星，并能通过设计，制作运用菜肴盘饰。

二、任务要求

（1）学会运用拉、刻、削等工艺，雕刻基础人物，重点体会雕刻的刀法和手法以及手、眼、原料、刀具的相互配合。

（2）运用所掌握的基本元素，进行适当的拓展、创新，设计制作出雕刻作品。

三、任务分解

1. 原料选择

胡萝卜（见图6-1-1）。

2. 雕刻工具

雕刻工具从左到右依次是圆形拉刻刀、弧形拉刻刀、V型拉刻刀、雕刻主刀，如图6-1-2所示。

图 6-1-1　胡萝卜

3. 雕刻刀法

切、拉、划、批等。

4. 雕刻分解

（1）将胡萝卜切成三段，用胶水粘成人物上半身的造型，如图6-1-3（a）所示。

图 6-1-2　雕刻工具

（2）取一块胡萝卜厚片，修整成弧形，作为寿星的胡子雏形，如图6-1-3（b）所示。

（3）用雕刻主刀雕刻出寿星胳膊的大致形态，如图6-1-3（c）所示。

（4）再拼接一块胡萝卜作为寿星的小腿，注意小腿的长度符合穿衣的规范，如图6-1-3（d）所示。

（5）拼接一块近似椭圆的胡萝卜厚片，做出寿星长袍的衣袖和下摆的大致形态，如图6-1-3（e）（f）所示。

（6）用弧形拉刻刀画出寿星的额头，用水溶笔画出长袍的衣袖褶皱，如图6-1-3（g）所示。

（7）用雕刻主刀雕刻出衣袖的褶皱，用圆形拉刻刀挖掉废料，体现衣袖的立体感，如图6-1-3（h）所示。

（8）用圆形拉刻刀雕刻出寿星背面的衣服纹路，如图6-1-3（i）所示。

（9）用雕刻主刀雕刻寿星的鞋，用圆形拉刻刀掏出长袍下面的废料，如图6-1-3（j）所示。

（10）用雕刻主刀修雕寿星的眼、鼻、口，用六角拉刻刀把寿星胡须雕刻出来，注意雕刻时要体现出寿星的慈祥微笑，如图6-1-3（k）所示。

（11）用一胡萝卜厚片雕刻寿星的手，注意手指甲、关节的造型，如图6-1-3（l）所示。

（12）用水溶笔在另一胡萝卜厚片画出拐杖造型，用雕刻主刀雕刻出寿星的拐杖，如图6-1-3（m）所示。

（13）用雕刻主刀完成小寿桃的雕刻，最后拼接在寿星手里完成寿星雕刻，如图6-1-3（n）所示。

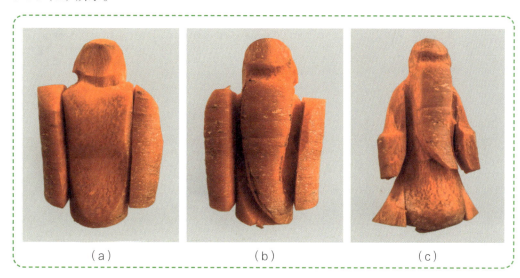

（a）　　　　　　　　　　（b）　　　　　　　　　　（c）

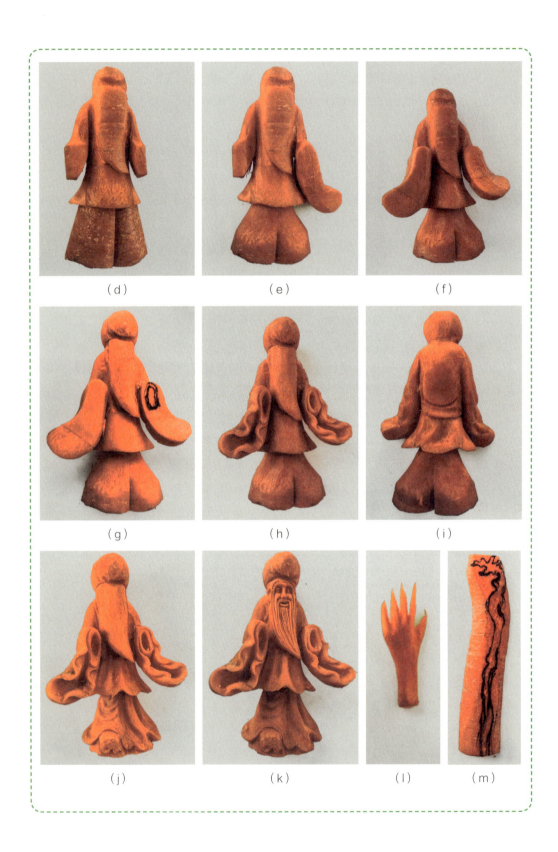

（d）　　　　　　　　（e）　　　　　　　　（f）

（g）　　　　　　　　（h）　　　　　　　　（i）

（j）　　　　　　　　（k）　　　　　　（l）　　　（m）

（n）

图 6-1-3 寿星雕刻分解

四、核心技能视频

寿星的雕刻

寿星雕刻评分标准如表6-1-1所示。

表6-1-1　寿星雕刻评分标准

指标	标准	分值
外形	作品整体形象生动，比例恰当，神态饱满、端庄、和蔼可亲，寿星脑门大而突出，慈眉善目，长眉、长须、笑容可掬	60
刀法	雕刻刀法和雕刻手法娴熟，作品完整，少刀痕	20
应用	主题鲜明，设计合理美观，有创意，构思简洁、巧妙	20

六、任务拓展

欣赏图6-1-4所示作品，利用所学知识观察渔翁的造型，雕刻一款渔翁作品，如图6-1-4所示。

6-1-4　渔翁

罗汉的雕刻

一、任务目标

通过该任务的学习，掌握利用雕刻主刀、戳刀的应用技巧，运用削、刻、戳等基本技法，切雕出罗汉，并能通过设计，制作运用菜肴盘饰。

二、任务要求

（1）学会运用削、刻、戳等雕刻工艺，雕刻罗汉重点体会雕刻的刀法和手法以及手、眼、原料、刀具的相互配合。

（2）运用所掌握的基本元素，进行适当的拓展、创新，设计制作出雕刻作品。

三、任务分解

1. 原料选择

南瓜（见图6-2-1）。

2. 雕刻工具

雕刻工具从左到右依次是U形戳刀、V形戳刀、雕刻主刀，如图6-2-2所示。

图6-2-1　南瓜

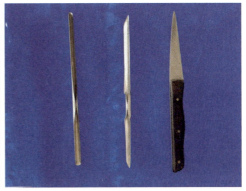

图6-2-2　雕刻工具

3. 雕刻刀法

切、拉、划、批等。

4. 雕刻分解

（1）选择实心的南瓜头部，用雕刻主刀修整出罗汉的头的粗坯，如图6-2-3（a）所示。

（2）根据人物的眼、鼻、脸的大小，雕刻出眼、鼻、脸的雏形，如图6-2-3（b）所示。

（3）用雕刻主刀雕刻出罗汉具有的典型特征的大耳垂，如图6-2-3（c）所示。

（4）用雕刻主刀雕刻出罗汉的嘴巴，注意嘴巴的比例和鼻子的距离适中，如图6-2-3（d）所示。

（5）用雕刻主刀雕刻出罗汉的酒窝，并精雕罗汉的牙齿和笑肌，凸显喜庆罗汉的神态，如图6-2-3（e）所示。

（6）用雕刻主刀给罗汉开眼睛，注意眼睛应朝正前方注视，如图6-2-3（f）所示。

（7）修整罗汉的眼眶和眉头，表现出笑的神态，眉头因大笑会稍微紧绷，如图6-2-3（g）所示。

（8）用雕刻主刀雕刻出罗汉面前寿桃的雏形，如图6-2-3（h）所示。

（9）用雕刻主刀修整寿桃，并雕刻罗汉的脚与鞋。用U形戳刀和V形戳刀雕刻罗汉的袈裟，如图6-2-3（i）所示。

（10）用主刀修整罗汉侧面的衣袖和后面的衣袖，体现出衣服的层次，如图6-2-3（j）、（k）所示。

（11）用砂纸打磨罗汉表面，尽可能的光滑圆润，完成作品，6-2-3（l）所示。

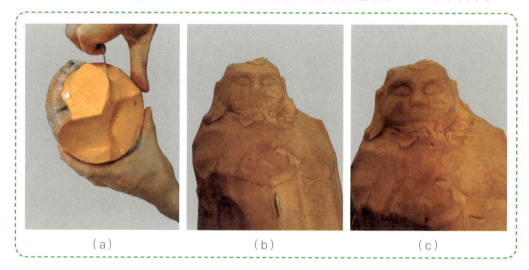

（a）　　　　　　　　　　（b）　　　　　　　　　　（c）

（d）　　　　　　　　　　（e）　　　　　　　　　　（f）

（g）

（h）　　　　　　　　　　　　　　　（i）

（j）

（k）

（l）

图 6-2-3　罗汉雕刻分解

罗汉的雕刻

五、评分标准

罗汉雕刻评分标准如表6-2-1所示。

表6-2-1　罗汉雕刻评分标准

指标	标准	分值
外形	罗汉表现出慈祥、富态，生动的微笑，眼嘴鼻等器官精致	60
刀法	雕刻主刀应用娴熟，整体造型完整无废料	20
应用	主题鲜明，设计合理美观，有创意，构思简洁、巧妙	20

六、任务拓展

欣赏图6-2-4所示作品，利用所学知识进行雕刻。

6-2-4　弥勒佛

项目七

景物雕刻

食品雕刻中的景物是指生活中常见的塔、船、亭、如意等景物。景物是食品雕刻具体应用的一部分，在菜点制作中应用非常普遍，在现代餐饮中有着独特的地位，发挥着重要的作用。一些景物不仅能够起到美化菜品，提升菜点的色、形和档次的作用，而且还能增强食欲，营造情趣和烘托气氛，给食客美的艺术享受，是食品雕刻中必不可少的部分。

任务 一

宝塔的雕刻

一、任务目标

通过该任务的学习，掌握雕刻主刀、戳刀的应用技巧，运用切、削等基本技法，雕刻出宝塔，并能通过设计，制作运用菜肴盘饰。

二、任务要求

（1）学会运用拉、刻、削等工艺，雕刻基本建筑物，重点体会雕刻的刀法和手法以及手、眼、原料、刀具的相互配合。

（2）运用所掌握的基本元素，进行适当的拓展、创新，设计制作出雕刻作品。

三、任务分解

1. 原料选择

胡萝卜（见图7-1-1）

2. 雕刻工具

雕刻工具从左到右依次是圆形拉刻刀、弧形拉刻刀、V型拉刻刀、雕刻主刀，如图7-1-2所示。

3. 雕刻刀法

切、拉、划、批等。

4. 雕刻分解

（1）将胡萝卜切成14厘米左右的一截，如图7-1-3（a）所示。

图 7-1-1　胡萝卜

图 7-1-2　雕刻工具

（2）将胡萝卜四面修成四面体，注意上窄下宽，如图7-1-3（b）所示。

（3）用雕刻主刀每隔1厘米、深度0.5厘米，截出一个长方体，如图7-1-3（c）所示。

（4）用弧形拉刻刀和主刀雕刻出塔沿，注意塔沿要平滑，如图7-1-3（d）所示。

（5）用戳刀戳出塔沿下面的废料，体现塔沿的立体感，注意戳刀下刀要轻，以免戳穿塔沿，如图7-1-3（e）所示。

（6）用圆形戳刀戳出宝塔的窗户，用雕刻主刀雕刻出宝塔的台阶，用六角拉刻刀雕刻出塔沿的瓦楞，如图7-1-3（f）所示。

（7）用雕刻主刀修整出塔的塔尖，如图7-1-3（g）所示。

（8）用胶水把塔尖粘在宝塔上完成作品制作，如图7-1-3（h）所示。

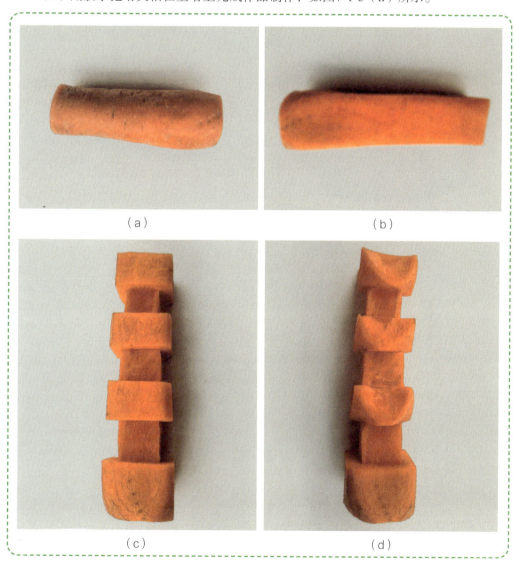

（a）

（b）

（c）

（d）

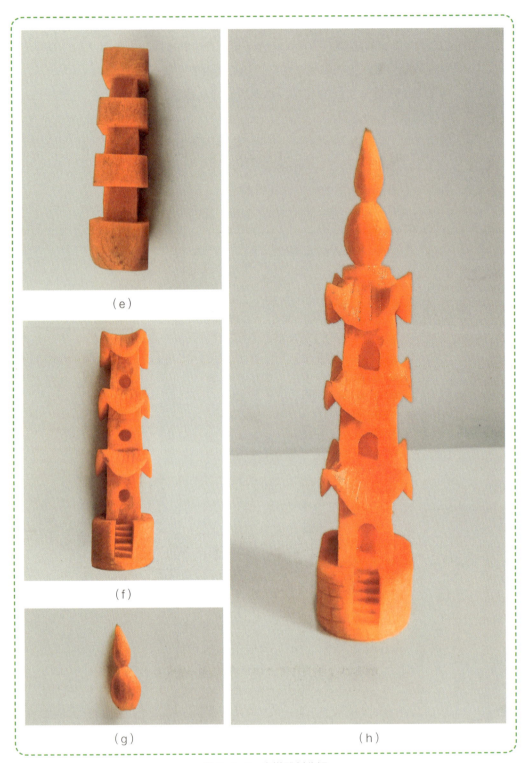

（e）

（f）

（g）

（h）

图 7-1-3　宝塔雕刻分解

四、核心技能视频

宝塔的雕刻

五、评分标准

表7-1-1　宝塔的雕刻评分标准

指标	标准	分值
外形	宝塔精致，塔沿清晰，台阶均匀	60
刀法	雕刻刀法和雕刻手法娴熟，作品完整，少刀痕	20
应用	主题鲜明，设计合理美观，有创意，构思简洁、巧妙	20

六、任务拓展

利用所学知识观察的九层宝塔造型（见图7-1-4），雕刻一款九层宝塔作品。

图7-1-4　九层宝塔

小船的雕刻

一、任务目标

通过该任务的学习，掌握利用雕刻主刀、戳刀的应用技巧，运用削、刻、戳等基本技法，雕刻出小船，并能通过设计，制作运用菜肴盘饰。

二、任务要求

（1）学会运用削、刻、戳等雕刻工艺，雕刻小船重点体会雕刻的刀法和手法以及手、眼、原料、刀具的相互配合。

（2）运用所掌握的基本元素，进行适当的拓展、创新，设计制作出雕刻作品。

三、任务分解

1. 原料选择

南瓜、胡萝卜（见图7-2-1）。

2. 雕刻工具

雕刻工具从左到右依次是U形戳刀、V形戳刀、雕刻主刀。如图7-2-2所示。

图7-2-1　南瓜和胡萝卜

3. 雕刻刀法

切、拉、划、批等。

4. 雕刻分解

（1）选择粗大一点的胡萝卜，用雕刻刀去掉四分之一的表面，形成小船的船舱镜面，如图7-2-3（a）所示。

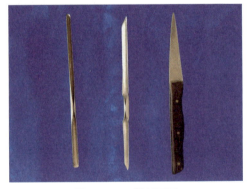

图7-2-2　雕刻工具

（2）用雕刻主刀沿胡萝卜的平面下修出0.3厘米厚的船舷，注意上宽下窄，如图7-2-3（b）所示。

（3）用V形戳刀戳出船舱的边界，如图7-2-3（c）所示。

（4）用U形戳刀戳出船的船头，注意船头和船舱的比例，如图7-2-3（d）所示。

（5）用V形戳刀在船体戳出细纹，体现小船的立体感，如图7-2-3（e）、（f）所示。

（6）用雕刻主刀修整一块方形的南瓜，用戳刀戳出交叉纹路，如图7-2-3（g）所示。

（7）用胶水将小船的乌篷粘在船身上，如图7-2-3（h）所示。

（8）用雕刻主刀雕刻出一支船桨，如图7-2-3（i）所示。

（9）将船桨放置在小船边，完成小船作品雕刻，如图7-2-3（j）所示。

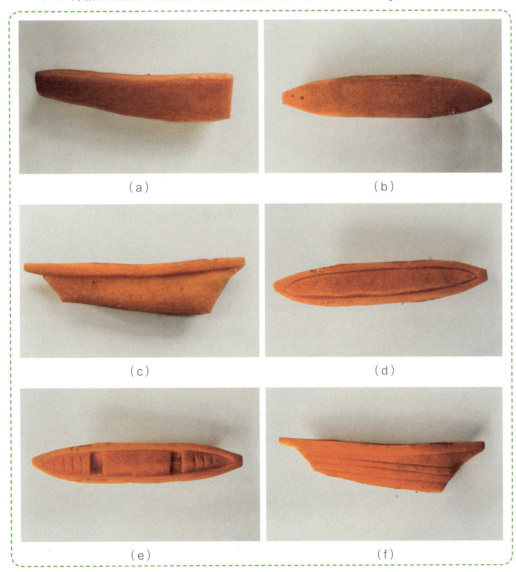

（a）

（b）

（c）

（d）

（e）

（f）

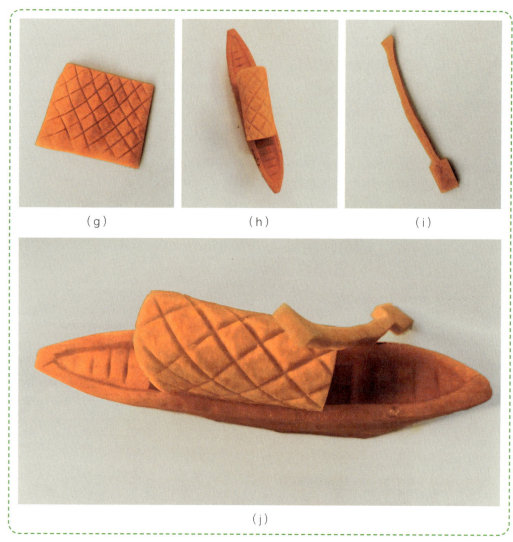

（g）　　　　　　　　　　（h）　　　　　　　　　　（i）

（j）

图 7-2-3　小船雕刻分解

小船的雕刻

五、评分标准

小船的雕刻评分标准如表7-2-1所示。

表7-2-1　小船的雕刻评分标准

指标	标准	分值
外形	小船精致，船体比例适当，船用工具齐全	60
刀法	雕刻主刀应用娴熟，整体造型完整无废料	20
应用	主题鲜明，设计合理美观，有创意，构思简洁、巧妙	20

六、任务拓展

利用所学知识观察古代舰船的造型（见图7-2-4），雕刻一款舰船作品。

图7-2-4　古代舰船

项目八

食品雕刻的创作设计与应用

食品雕刻是我国饮食文化的重要组成部分，也是中国烹饪技艺中的一颗璀璨明珠。它以秀丽端庄的东方特色，跻身于世界厨艺之林，成为中国烹饪文化中的瑰宝。我国的烹饪技术历来强调色、香、味、形并重，烹制菜肴不仅要重视其营养、味道，还要注重菜肴的造型和色彩这一视觉审美，也就是菜肴的"卖相"。食品雕刻正是在追求烹饪造型艺术、色彩搭配艺术的基础上发展起来的一种菜肴点缀、装饰、衬托的应用技术。

任务 一 食品雕刻的创作设计

一、任务目标

通过该任务的学习，掌握食品雕刻作为一门特殊艺术，在创作手法上既有自己的特性，也有雕刻艺术的共性。作品的完成与质量既有赖于技巧手法的水平，同时在发掘题材、表现手法、深化主题、组合形式等方面也有赖于创作者的综合修养。一般说来，创作食雕作品，需要涉及主题、题材、构图、形象、意境、色彩等要素。

二、任务要求

（1）学会运用食品雕刻设计复杂作品。

（2）运用所掌握的理论知识，进行适当的拓展、创新，设计制作出组合作品。

三、任务分解

1. 主题构思

凡艺术品必有一定的主题思想，食品雕刻也不例外。主题就是创作的意图，也即作者在塑造形象时所要表现出来的中心思想，相当于作品的灵魂。食品雕刻作品只有融入了作者的思想，才会有灵魂。

食品雕刻的主题一定要明确，所谓的抓主题就是要求每件作品都必须突出主题，不能模棱两可。一件主题鲜明的食品雕刻作品，不需要文字或作者介绍，一看作品本身就会明白，而且艺术形象会比实际生活更典型、更集中、更强烈。同时还要注意，在食品雕刻中主题不同，就会出现不同的艺术效果。例如同样是雕刻公鸡题材的作品，如果雕刻一只昂首阔步于山头的公鸡，远方有一轮红日，则作品可命名为"金鸡鸣啼"或"雄鸡独立"，表现的主题是振奋向上、抓紧时光;若雕两只昂头对立、颈后羽毛似要竖起的公鸡，则可命名为"搏"或"争斗"，其立意为勇猛竞争、毫不退缩;如果作品除雕雄鸡在鸣啼外，还陪衬有母鸡及雏鸡，并有用南瓜雕刻的鸡笼，则可命名为"农家乐"或"温馨"等，为祝愿家庭幸福、合家团圆之寓意。

在食品雕刻中要抓作品主题，应到生活中多观察，并多欣赏一些艺术作品，以提高自己的艺术修养和敏锐感受力，从而在创作作品时能下意识地去表现，如同绘画，意在笔先，即未从笔，先要立意。

2. 题材选择

题材是经过作者思考、选择、加工、提炼的素材，即创作的内容，也就是食品雕刻所要表现的对象。题材可以说是主题的具体化，它与主题联系密切又有区别。一般主题与题材经常一起考虑;也有的先确立主题，再考虑选取何种题材塑造形象来充分表达主题。

食品雕刻多选用花鸟鱼虫、景观、人物、走兽等吉祥题材，不是任何题材都能用食品雕刻形式来表现的。因此，作者一定要懂得和掌握食雕语言，要善于取舍、提炼、概括和艺术处理，拿出构图完整、主题明确、符合食品雕刻作品要求的题材。选用食雕题材，一般应注意以下三点。

首先，应考虑宴会的性质、规格。如冷餐酒会可布置迎宾孔雀或大型花台，还可用"天女散花""百鸟迎春""万年青"等题材;婚宴可雕刻"龙凤吉祥""鸳鸯戏水""比翼双飞""喜上眉梢"等题材;祝贺成功的可雕金杯题材;金榜题名宴可雕刻"鲍鹏展翅""鲤鱼跃龙门""一帆风顺"等题材;祝寿席则多用"松鹤延年""群鹤同乐""龟鹤同寿"等题材;还有的将雕刻的四季花卉组合在一起插入刻制的花瓶中，寓意四季平安。

其次，应针对出席宴会的对象，投其所好。如迎接泰国或东南亚的客人，雕刻憨厚而又不失灵巧的大象，会令客人顿感宾至如归而笑逐颜开。而大象题材对于欧洲客人就不太合适，因为他们将其视为愚蠢的象征。法国来宾若看到骏马奔腾的食雕一定会惊喜，因为在法国人眼中，马是幸福的象征，他们喜爱百合花、马兰花，不喜欢菊花、孔雀、仙鹤。印度人把牛视为神灵的象征，而埃及的象征符号是鹰，日本人甚喜龟鹤，不喜荷花。猫头鹰在中国常被视为不吉利的象征，而美国人则把它视为智慧的象征。

最后，应拓展思路，善于破除陈规，大胆探索、变革，把好的题材不断引进，真正做到"百花齐放""推陈出新"。如瓜雕题材已引入了《红楼梦》中金陵十二钗的形象，若有人大胆试用古希腊的瓶饰图案定能让人耳目一新。

3. 作品构图

构图是食品雕刻的重要造型手段之一，是创作者思想感情转化为表现形式的桥梁，是创作者安排布置表现对象的形、色因素及其关系，将若干个别的形象组织成为有机的艺术整体的手法。食品雕刻的构图，要考虑因材取题、因意设图、因图施艺等问题，坚持分宾主、讲虚实、有疏密、有节奏、既有统一又有变化的构图原则。

首先，食品雕刻构图的关键是分宾主，也就是为了突出主题，把主体景物布置在重要的恰当位置，先主后次，摆好主从揖让的关系。主体部分应明朗而丰满，陪衬物则不宜占据过多，起点缀烘托作用即可。如整雕作品 "媲美"，主体部分是一只大长南瓜雕的孔雀，旁边是各色鲜花绿叶，此时花的总分量应稍逊于孔雀，不宜两者平分秋色，以突出孔雀的亮丽夺目。又如雕瓶鲜花，则花为主，叶、瓶为宾，花朵可尽量艳丽多姿，花瓶的雕刻则宜素雅简洁。

有的雕刻作品主体部分相当成功，可是盲目添加饰物，如在瓜灯上装饰龙凤花草，或在整雕作品旁摆一些不知所云的片状叠起物，这都会给人以杂乱无章之感，甚至会让人觉得本末倒置。尤其是零雕整装的作品，不可采取"平分秋色" "鼎足三分" "星罗棋布"等组装方式，而应相对集中，结构井然有序，留出适当的空间，给人以想象的余地。

其次，构图时还应注意重心要稳，尤其是单件作品雕刻。重心稳并不意味呆板，而是指整体均衡。如雕刻"海豹顶球"，圆球与海豹身体呈S形，十分协调；雕刻 "鱼跃"等作品，虽然重心腾空在浪面上，但给人以生动又不失稳定之感。构图时除酝酿主体部分的安排、陪衬物的位置、大小外，还应包括色彩的分布、每件雕刻作品的形状、大小和整体的比例关系。这些在大型的组装花鸟风光看台中显得尤为重要。

由此可见，不论什么形式的食品雕刻构图，都应该注重形式倾向和视觉追求。如对称构图给人稳定感；均衡构图是在稳定中略带变化，给人活泼自由感；节奏构图给人规律和变化感；有中心的构图层次清楚，富于理性；散点式构图则表现出浪漫活泼。

四、作品赏析

请欣赏图8-1-1～8-1-33所示的作品。

图 8-1-1　重峦叠嶂

图 8-1-2　生机盎然

图 8-1-3 藕遇

图 8-1-4 灵动

图 8-1-5　高升

图 8-1-6　春风化雨

图 8-1-7　活力四射

图 8-1-8　佳偶天成

图 8-1-9 争春

图 8-1-10　望月

图 8-1-11 攀登

图 8-1-12 律动

图 8-1-13　禅意

图 8-1-14　斗色争妍

图 8-1-15　葫芦

图 8-1-16　兰花

图 8-1-17　春色满园

图 8-1-18　菊韵

图 8-1-19　荷趣

图 8-1-20　遨游

图 8-1-21　寿星送仙桃

图 8-1-22　丹凤朝阳

图 8-1-23　龙凤呈祥

图 8-1-24　龙马精神

图 8-1-25　牛气冲天

图 8-1-26　民居小景

图 8-1-27 竹趣

图 8-1-28　鸟语花香

图 8-1-29　鱼跃

图 8-1-30　花篮

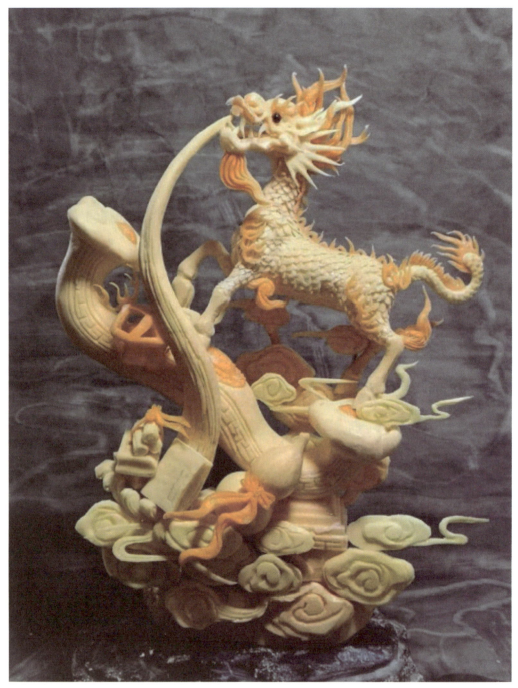

图 8-1-31　如意麒麟

图 8-1-32　鱼翔浅底

图 8-1-33　金鱼戏莲

食品雕刻的应用

一、任务目标

通过该任务的学习，掌握食品雕刻在现今的餐饮业中应用，它可以美化菜肴，装饰席面，烘托气氛，提高档次，所以很多饭店都非常重视这门技术，纷纷把它作为扩大影响、搞好宣传、树立饭店良好形象、增进效益的一种手段。烹调工艺与营养专业的同学们，更应把掌握食品雕刻技术看作是提高自己综合素质、搞高竞争能力和创新能力、扩大个人发展空间的一个重要手段。

二、任务要求

（1）学会运用利用食品雕刻开展平面雕、立体雕（整雕、圆雕）、浮雕、镂空雕、组合雕等。

（2）运用所掌握的理论知识，进行适当的拓展、创新，设计制作出的食品雕刻作品应用到菜肴装饰。

三、任务分解

关于食品雕刻的应用，主要有三种方式：一是将较小的食品雕刻作品摆在菜肴旁边（用于装饰凉菜、热菜、果盘）；二是将西瓜、冬瓜、南瓜、木瓜等原料刻成容器（盅、罐、盒、龙舟、凤船等），用于盛装菜肴和汤羹；三是制成各种规格、各种题材的展台，不与菜肴放在一起，专供展示、欣赏用。

1. 食品雕刻用于菜肴围边

食品雕刻技术最普遍、最广泛的用途之一就是围边，将雕刻作品摆放在菜肴的周围，或菜肴中间，或菜肴的其他空闲处，起装饰、美化菜肴的作用。一个普通的菜肴，经食品雕刻作品装饰后，立刻会耳目一新、大放光彩。将食品雕刻用于围边需注意下面几点。

（1）原料要选新鲜干净的蔬菜水果原料，质地脆嫩，水分充足。如萝卜、胡萝卜、南瓜、黄瓜等。不能选干瘪、虫蛀的原料，也不能选其他材质（不能食用）的原料，如金属、塑料、橡胶、泡沫等。

（2）雕刻作品的大小要与菜肴数量和盘子大小相匹配，不宜比例过大，喧宾夺主。

（3）注意雕刻作品的颜色要与菜肴的颜色、盘子的颜色搭配协调，不要顺色。

（4）注意卫生，雕好的作品应在清水中浸泡一会，表面要干净，不能有污渍。

（5）选汤汁较少或没汤汁的菜肴围边，雕好的作品摆在菜肴旁边，不能与菜肴和汤汁接触。

（6）雕刻作品应造型美观，色彩和谐，刀法简捷，适度夸张，不必雕得过细过繁。

（7）雕刻的主题要与菜肴建立某些联系，如做鱼虾等水产品的菜肴可多雕些水鸟、荷花、睡莲等；做鸡鸭类的菜肴可多雕些牡丹、月季、凤凰等搭配。

（8）作品雕好后可放在清水中保存（水温低些，常换水），用完的作品要扔掉，不要重复使用，以免污染。

2. 食品雕刻用作容器

这也是食品雕刻比较常见的用法之一。在南瓜、冬瓜、西瓜、木瓜、哈密瓜等瓜体的表面上雕出花纹图案，将顶部切开，挖空瓜瓤，即可当作盛装菜肴的容器，既美化了菜肴，提高了档次，有时又能使菜肴带有某种水果香味。将食品雕刻用作容器需注意下面几点。

（1）不论选用哪种瓜，均应选取大小适宜，形状规整，表皮光滑的，质地要脆嫩结实，不能过熟过软。

（2）形体较大的冬瓜、西瓜、南瓜，可选取一只，形状较小的木瓜、哈密瓜、小南瓜，可选4~5只或7~8只，将菜肴分装其中。

（3）瓜体表面的图案可用阳纹雕（图案部分凸起），也可选用阴纹雕（图案部分凹进）或浮雕；图案的深浅适宜，不能将瓜皮刻透（特别是在刻浮雕时尤应注意）。

（4）瓜瓤要挖净，雕好后不能直接装菜肴，需上屉略蒸一下，或开水略烫一下，起杀菌消毒作用，某些较小的容器，如用冬瓜、南瓜雕的盒、罐、花篮、托盘或海螺壳、贝壳等，可蒸熟，同盛装的菜肴一起食用。如雕刻的作品不适合加热消毒，也可垫上一层锡纸。

（5）也可将原料雕成龙舟、凤舟、小船、粮囤或小簸箕等容器。

（6）形状较大的西瓜盅、冬瓜盅、南瓜盅适合于盛装汤羹菜肴或炖菜，而形状较小的瓜罐、瓜盒适合于盛装质地细嫩、形状较小的熘炒菜或汤羹菜，如鱼翅、虾仁、鲜贝、肉丁等。

3. 食品雕刻用于展台

所谓食品雕刻展台，就是将食品原料雕成一个较大的整体看台（多需组装）。这种作品，只摆在餐桌上供客人欣赏，不食用，与菜肴也没有直接联系，只起展示作用，所以叫展台，也有人叫花台。展台的规模有大有小，但必须具备一定的思想性和艺术性。将食品雕刻用作展台，在以前应用较少，只有一些大饭店在接待一些重要客人时（如外宾或领导人），才偶尔用上一两次。现在，随着生活水平的提高，人们各种社交活动的日益频繁，如婚宴、寿宴、庆功宴、接风宴、送行宴、家人聚会宴、同学聚会宴、商务洽谈宴等，宴会的档次越来越高，所以展台的使用也越来越多，越来越普及，而在各种美食节、烹饪表演、烹饪大赛等活动中，更是离不开食雕展台。这也标志着一种进步，人们已不仅仅满足于物质上的享受，已开始追求精神上的享受了。

四、食品雕刻应用实例

观察学习图8-2-1～图8-2-27所示的食品雕刻应用实例。

图 8-2-1　龙游天下

图 8-2-2　小儿垂钓

图 8-2-3　蛟龙出海

图 8-2-4　胸藏万卷

图 8-2-5　荷香小炒

图 8-2-6　金龙献瑞

图 8-2-7　祥龙回首

图 8-2-8　罗汉献宝

图 8-2-9　福从天降

图 8-2-10　松鹤延年

图 8-2-11　田园小趣

图 8-2-12　椰岛风光

图 8-2-13　趣罗汉

图 8-2-14　美人鱼

图 8-2-15 翩翩起舞

图 8-2-16 蒜茸鸡

图 8-2-17　热带鱼

图 8-2-18　顽童

图 8-2-19　空谷幽兰

图 8-2-20　鸳鸯戏水

图 8-2-21　笑罗汉

图 8-2-22　一品参

图 8-2-23　田园葫芦

图 8-2-24　欢乐海洋

图 8-2-25　诗仙畅饮

图 8-2-26　金钱卷

图 8-2-27　醉罗汉

参考文献

[1] 张仁庆. 中国食雕[M]. 北京：中国商业出版社，1994.

[2] 胡永奎. 食品雕刻精解[M]. 北京：化学工业出版社，2010.

[3] 袁乐学. 食品雕刻[M]. 西安：西北工业大学出版社，2015.

[4] 江泉毅. 食品雕刻[M]. 2版. 重庆：重庆大学出版社，2020.

[5] 李保定. 食品雕刻工艺[M]. 北京：机械工业出版社，2016.

[6] 尹忠男. 食品雕刻基本技能[M]. 北京：中国劳动社会保障出版社，2010.

[7] 杜乐. 食品雕刻入门[M]. 北京：中国纺织出版社，2007.

[8] 曹乃胜. 中国食品雕刻[M]. 合肥：安徽科学技术出版社，2006.

[9] 周雅斌. 食品雕刻[M]. 北京：清华大学出版社，2014.

[10] 李凯. 食品雕刻精解[M]. 成都：四川科学技术出版社，2002.

[11] 周毅. 实用食雕精华[M]. 2版. 北京：中国纺织出版社，2010.

[12] 孔令海. 食品雕刻解析与造型设计[M]. 北京：中国轻工业出版社，2010.

[13] 孔令海. 中国食品雕刻艺术[M]. 北京：中国轻工业出版社，2011.

[14] 张卫新. 食品雕刻教与学[M]. 上海：上海科学技术文献出版社，2004.

[15] 封长虎. 食品雕刻技法详解[M]. 北京：金盾出版社，2004.

[16] 董道顺. 食品雕刻项目化教程[M]. 北京：中国人民大学出版社，2016.

[17] 罗家良. 实用食品雕刻技法大全[M]. 北京：化学工业出版社，2019.